JN082595

危険で美しい虫たちの記録

ドレッシー編

ナナホシキンカメムシ。メタリックグリーンに見える体色と、6本の脚の根元を彩る鮮烈な赤の差し色にオシャレ魂を感じる。

セアカゴケグモ。真っ黒な全身の、腹部中央に広がる朱色の模様が恐怖を煽る美しい毒グモ。その強烈な神経毒にも驚かされる。

オオクロケブカジョウゴグモ。威嚇時のみ、黒い体躯から赤いキバが覗く。相手に自らの危険さを警告しているのかもしれない。

漆黒編

サソリモドキ。サソリという名を冠していてもサソリではない、その奇異さと漆黒のクールな外見、毒霧攻撃と魅力の宝庫。

ブルドッグアント。スレンダーさを感じる黒いボディだが、ひときわ目立つ大きなキバが攻撃的で、「ブルドッグ」らしい厳つさ。

ツシマヒラタクワガタ。最大級だと全長80mmを超える個体もいるらしい。鉄の塊をも思わせる重々しい姿にロマンを感じる。

ヨコヅナサシガメ。大型で存在感のある見た目だが要注意。捕食性のサシガメで、刺されると激しい痛みと痒みに襲われる。

ド派手編

ラバーグラスホッパー。毒々しいカラーリングで目立つことこの上ない。捕まえられると口から醤油のような液体を吐き出す。

バナナナメクジ。ハニースポットが浮く熟れたバナナのような色合いに心奪われる。表皮のテカリとつぶらな瞳がキュート。

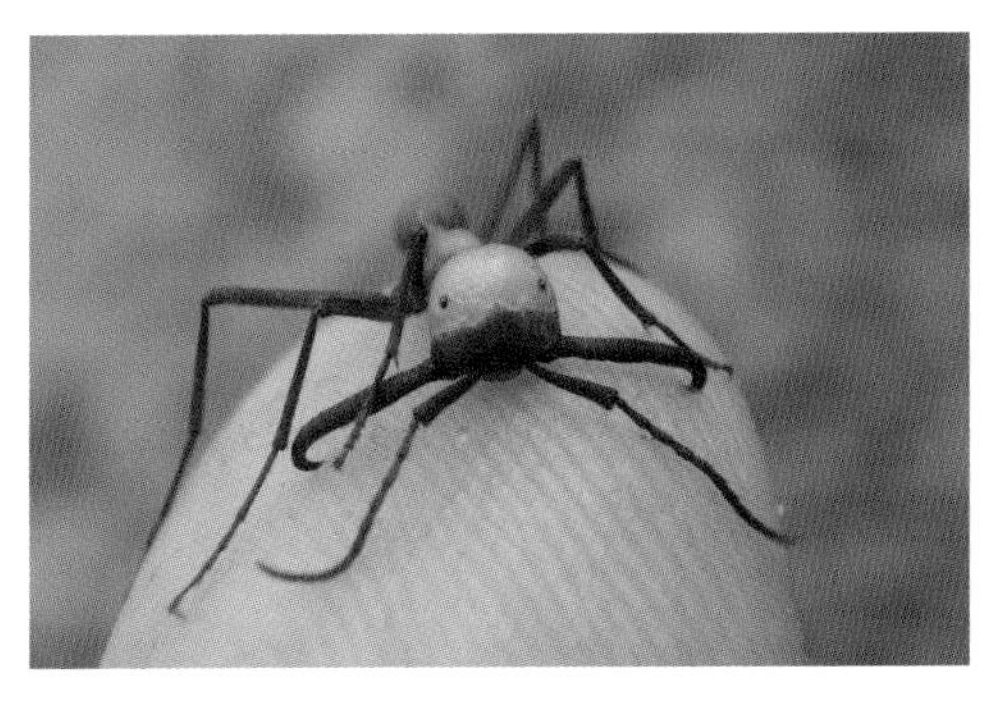

グンタイアリ。ビジュアルの強烈さがピカイチ。巨大なアゴにつぶらな瞳という、禍々しさとコミカルさを両方楽しめる容姿。

料理編

蜂の子から成虫まですべてを混ぜたクロスズメバチの炊き込みご飯。成虫と幼虫の異なる食感で味わいに起伏が生まれおいしい。

アフリカマイマイのエスカルゴ風。壺焼きとは段違いのうまさ。素材そのものの味はわかりにくくなるが、歯応えは格別！

アフリカマイマイの壺焼き。上部の黄色と茶色の部分が内蔵で、下部の黒い部分が足。内臓の臭気は脳が拒絶反応を示すレベル。

さっと塩茹でにしたオオゲジ。インパクトのある見た目からは想像がつかない、爽やかで滋味のある味わい。一体なぜ……？

タイで食べた絶品炒めソフトシェルセミ。サクサク食感かつ濃厚な味わい。罪悪感と引き換えに、日本でも料理の再現はできる。

本編には登場しないが、シロスジカミキリの幼虫ケーキ。クリーミーでナッツ感のあるおいしさで、意外とスイーツにも合うのだ。

屋台風タイワンツチイナゴのナンプラー炒め。加熱すると体色が枯れ草色から朱色に染まり、まるでエビのような色に。

武器編

カヤキリ。この鋭いアゴと面がまえの圧はなかなかのもの。そのアゴは成人男性の指をたちまち出血させ、悲鳴を上げさせるほど！

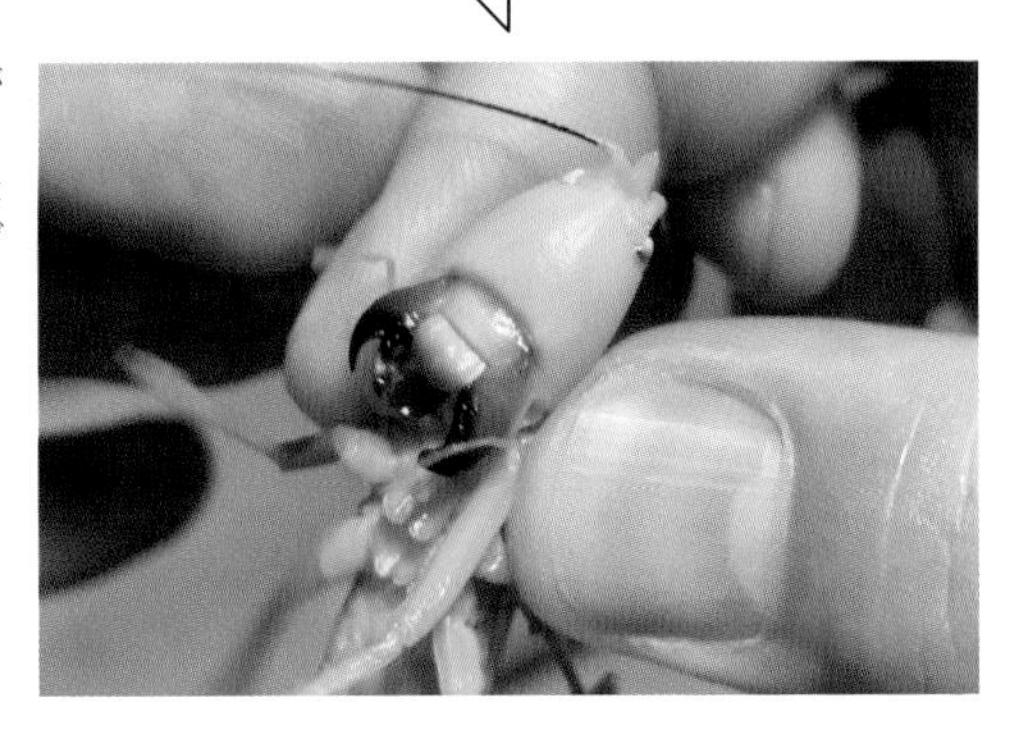

ヤエヤマサソリ。貧弱そうな毒針に比べてずいぶん立派なハサミをもつ。全体のサイズが3cm程度と小さくて愛くるしいフォルム。

マダラサソリ。ヤエヤマサソリと異なり、ハサミは細いが尻尾と毒針は太く、禍々しい。刺されたときの痛みはミツバチ以下。

ハブムカデ。全長20cm近くにもなるボリューム感で、咬(か)まれると手の甲全体に尋常ではない灼熱感と痛みを感じる。恐ろしい。

最強クワガタ編

タランドゥスオオツヤクワガタ。気性の荒さ、咬合の持続力は想像のはるか上。制御のきかないモンスターじみた強さをもつ。

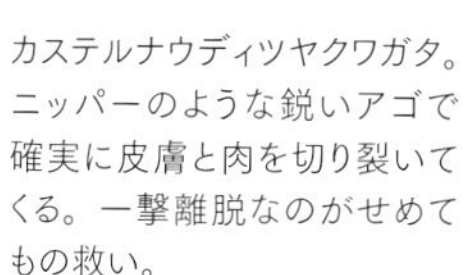

カステルナウディツヤクワガタ。ニッパーのような鋭いアゴで確実に皮膚と肉を切り裂いてくる。一撃離脱なのがせめてもの救い。

スマトラオオヒラタクワガタ。はさむ力が凶悪なうえに、いったんはさまれると最低でも数分間痛みに耐えなくてはいけない。地獄。

神秘編

リュウジンオオムカデ。翡翠色の脚をもつ日本最大級のムカデ。実物の迫力と美しさは格別で、神々しささえ感じる色彩だ。

アオミオカタニシ。パステルグリーンに見える貝殻と愛らしい目元をもつ顔立ちはマスコットキャラクターなみの可愛らしさ。

アオミオカタニシの殻。実は、殻そのものは無色透明で、本体の色がグリーンなのだ。名前の「アオミ」とは「青身」のこと。

自宅にて幼虫から羽化させた直後の若ゼミ。体が固まり色づく前まででしか見ることできない、真っ白な細工物のような見た目。

実務教育出版

はじめに

弱虫、泣き虫、虫ケラ……といった侮蔑があるように、昆虫やクモをはじめとする広義の「虫」たちはしばしばネガティブな印象を抱かれがちだ。

虫は卑しく、気味が悪く、危険で不潔な忌むべき存在だと捉える人が多く存在している。虫を好む者として、この現状は誠に遺憾だ。虫といってもその面子は実にさまざま。ならば一絡げに嫌うことはないではないか。

よく観察してみると、むしろ彼らは姿も形も生態も素晴らしく面白い存在だと気づくはずだ。なんせあの「ポケモン」※は昆虫採集に着想を得たゲームだというから、「虫を探し、捕まえ、育てる」という行為が秘める愉しさとは普遍的なものなのだろう。

それに虫とは地球上で特にありふれた生物である。昆虫だけ、しかも現在発見されているもののみに限ってもその種類は100万近くに達するとされる。人生をかけて、限りなく追いかけ続けることができる。

その中には極彩色にきらめくもの、人間をも打ち倒す強力な武器をもつもの、さらには食材として極めて美味なものまで存在する。

これほど愉快で興味深い生物が世界にはあふれかえっているのだ。ならば嫌いなままでいるのは大損ではないか。虫たちを好きになりさえすれば、その瞬間から街中、野山、果てはジャングル、砂漠、深海にまで「好き」がちりばめられる。やがて世界は少し光を増し、日々の暮らしに楽しみが増えること請け合いだ。

というわけで本書は、物心ついた頃から30年以上にわたって虫好きであり続けた筆者が彼らの魅力を伝道するものである。

……伝道者気取りとは我ながら大きく出たものだと思う。そもそも『虫への愛が止まらない』とは、これまた図々しいタイトルだ。まるで日本を代表する虫マニアか、その筋のご意見板のようではないか。昆虫研究者以外でこのタイトルが許されるのは養老孟司氏くらいのものではないか。

僕よりも虫に詳しい人はざらにいる。僕なんて目じゃないほど深く激しく、人生を虫へ捧げている人も少なくない。そんな有識者らを差し置いて「愛」を語るにはなかなか勇気が要るものだ。

だが、僕ほど虫に体当たりでぶつかり続けてきた者となると、そうそういないはずである。

生物専門のライターとして活動する身の上ゆえ、国内外でさまざまな虫を見て、捕まえて、時にそれを食べ、時にそれらに咬まれたり毒針を打ち込まれたりしてきた。僕にしかできない虫の話があるはずだ。そういう意味では、多少なりとも際立って虫へ愛情を注いできたという自負はある。

とにかくバラエティーに富む彼らであるから（そこも魅力なのだが）、虫嫌いの読者にいきなりそのすべてを愛せるようになれというつもりはない。これから紹介する数十種の虫たちの中から、1種でもお気に入りを見つけてもらえれば幸いだ。もともと虫のことを憎からず思っているという読者には、その愛をより深めるきっかけとしてもらいたい。

それでは、夢と冒険と！　虫たちの世界へ！　レッツゴー！

目次

第1章　刺されて咬まれて魅了された愛しい虫たち

第2章　虫の魅力を胃で知る

第3章　憧れとスリルの虫の世界

※本書における「虫」とは、現代日本における一般的な用法である昆虫、クモ、サソリ、ムカデといった節足動物や「でんでん虫」こと陸生貝類といった小動物の総称としています。
※本書には、複数の危険生物や有毒生物など、人体に深刻な健康被害を及ぼす可能性がある生き物の捕獲および食用のエピソードが掲載されています。これらのエピソードは著者の実体験を基にしたものであり、捕獲や食用をすすめるものではありません。
※本書の内容を真似して生じた体調不良や健康被害、捕獲によるトラブル、そのほかあらゆる不都合が生じた場合について、実務教育出版および著者は一切の責任を負いません。ご自身の責任で行うようお願いいたします。
※ポケモンは任天堂・クリーチャーズ・ゲームフリークの登録商標です。

第1章 刺されて咬まれて魅了された愛しい虫たち

クモ編

諸外国において、毒針や毒牙をもつ虫のド定番といえばハチ、サソリ、ムカデ、そしてクモであろう。ところが、日本ではクモが毒虫として危険視されにくい傾向にある。我が国には多種のクモが生息しているわりに毒性の強いものが少なく、被害が極めて稀なためだろう。

もちろん、俗に「毒グモ」と呼ばれるクモたちがこの世に実在していることは認識しているのだ。けれどそれはたとえばタランチュラに代表される異国の虫のことであり、対岸の火事として曖昧に把握されているにすぎない。

だが実際は、わずかながらも日本にも「毒グモ」と呼ばれるクモたちが生息している。

これは、誰に頼まれたわけでもないのに日本各地で、あるいは異国の地で、「彼女たち」に咬まれてまわった、ひとりの男の地獄編である。

セアカゴケグモ

――美しさに痺れ、毒にも痺れ

セアカゴケグモ、おそらくは日本でもっとも有名な毒グモだろう。黒と赤のツートンカラーは露骨なほど危険性を主張する。

時は1995年。

「日本には毒グモなんていない」

多くの日本人がそう考えていたところへ、特大の一石を投じる事件が起きた。なんと、オーストラリア原産の有毒種「セアカゴケグモ」が大阪府で相次いで発見されたのだ。

毒グモ、来襲！　実にセンセーショナルなこのニュースは連日、大々的に報道されるに至った。セアカゴケグモがそれほどまでに大きく騒がれた理由のひとつには、その印象深い外見もあるだろう。本種は雌でも一円硬貨に乗るほどの大きさで、さらに雄はそのふたまわり以上小さい。しかし真っ黒な全身に鮮やかな朱色の模様が裂傷のように腹部中央に広がる、という個性的な体色をもつ。

あまりに見慣れない、いかにも毒グモらしい警告的なカラーリングは、一部の日本人に対して恐怖とともにその美しさへの感嘆をも喚起した。少なくとも僕はそうだった。

当時、テレビの報道番組は刺激的な内容が好まれる傾向にあったのだろう。各局が争うように「恐怖の外来毒グモ」の恐ろしさを煽り、事実と誇張の境界が曖昧な報道を重ねていた。

特に騒動の初期には、「命を落とすこともある」「咬まれると激痛に苦しむ」という物騒な表現も多かったと記憶している。後に混乱が落ち着いてくると、「原産地では被害件数も少なく、さほど恐れられていない」など冷静な内容も散見された。しかし、それも含めて情報が錯綜したため、国民の多くが事実を把握することはできなかったものと思われる。

セアカゴケグモ騒動当時の僕は小学校中学年の昆虫少年だったのだが、その頃はちょうどクモに凝りだした時期でもあった。子どもなりにセアカゴケグモについて調べてみたものの、どうも釈然としない部分が見受けられた。咬まれた際の症状について「刺すような強い痛み」とする資料もあれば、「焼けるように痛む」とするものもあったのだ。

また、「患部は腫れる」という報道がされたかと思えば「麻痺する」とした記述も見かける。併せて発現することもないとは限らないが、ずいぶんと異質な症状が羅列されているように感じる。

当時は幼さゆえ、「そういうものなのかな?」と割り切っていた。というか考えが回らなかったのだが、その疑問は後々になって少しずつ頭をもたげていった。

テレビや本は真実を語っているものであるはず。そう思っていた。でも実際は、けっこうテキトーなことをいっている場合もあるんじゃなかろうか？

いざ、セルフ人体実験

それから時は流れておよそ20年後。２０１５年のことである。

長い間にわたって頭の隅にこびりついていた疑念を晴らすべく、僕は新幹線に乗って大阪へ向かった。目的はセアカゴケグモに実際に咬まれて、その毒性を検証することにほかならない。

この20年間で、セアカゴケグモは分布をほぼ日本全国へと拡大していた。だがやはりその生息密度の大きさから、手っ取り早く観察するには近畿地方が確実だ。

捜索する地点には、移入当初から分布が確認されていた大阪府堺市を選んだ。20年来、各自治体によって定期的に駆除が行われているもののいまだに根絶の気配はなく、相当な毒グモ密度が予想される。


駅へ降り立ってすぐに、捕獲と撮影に使用する道具を取り出そうとベンチへ腰掛けた。すると、ベンチの脚に埃まみれのクモの糸が絡みついているのが目についた。もしや！　と座面の裏へ頭を突っ込んでみると、ボロボロになったクモの網にアリやカメムシ、ダンゴムシの死骸が無数に吊り下げられ、さながら昆虫界の地獄絵図、あるいは亡者が群がる『蜘蛛の糸』のような様相を呈している。

このようにベンチや自販機の下、コンクリートブロックの隙間など、人工的な場所に作られる汚らわしいゴミ屋敷は「ゴケグモ類」の網の特徴なのだ。でたらめに糸を張り巡らせたような作り（不規則網）

も合致している。

……まさかもう勝負がついてしまうのか？　おもむろに指で網を引き裂くと……灰色のゴミ山の奥に鮮烈な赤が浮かび上がった！

「セアカゴケグモだ！」

捜索開始0分での発見。山場も何もあったものではない捕物劇だが、これはこれで驚かざるをえない。どうやらこの毒グモは想像以上に街の隅々まで広がり、定住を決め込んでしまっているらしい。

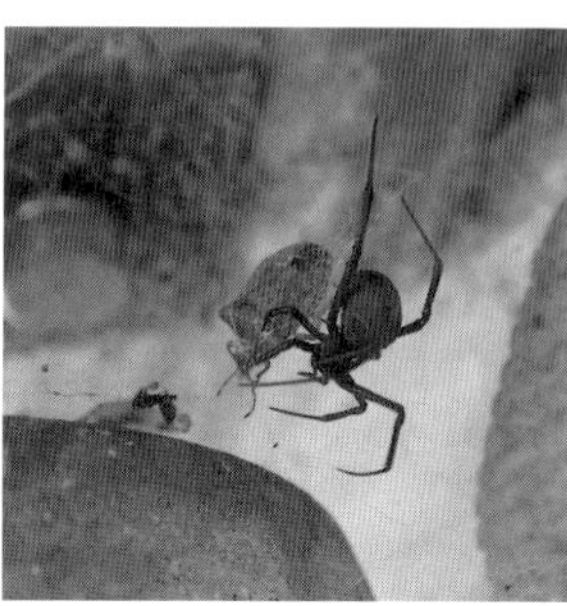

ベンチの裏でカメムシを捕らえたセアカゴケグモ。人々の足元で、人知れず異国を生き抜く。

それにしても、実物を間近で見ると惚れ惚れするほどに美しいクモである。日本には極彩色のジョロウグモやメタリックグリーンに輝くウロコアシナガグモなど美麗なクモが多く分布している。

しかし、これほどシンプルでいてビビッドな、ド派手でありながら気品を感じさせる、ユニークな配色のものは他にいない。この並はずれて端麗な容姿と比べれば、毒の有無などはほんの些細な個性にすぎないとすら思えてくる。眺めているうちに、細く華奢な八本脚に対してアンバランスなほど丸く膨らんだ腹部が妙にグラマラスに映るようになってきた。

なお、セアカゴケグモの中でもこれほど美しく立派な姿をしているのは成体の雌のみである。幼体や雄成体はその面影こそあるものの、体つきはやせっぽちだし、体色もまだらで目立たない。

さらに、ゴケグモとは「後家蜘蛛(ごけぐも)」であり、繁殖行動に際して雌が体格の小さな雄をしばしば食い殺してしまうことに由来する。僕も同じ雄として、憐憫の情を抑えがたいところであるが、あの妖艶な雌グモにどうしようもなく惹かれる気持ちもわからないでもないのだった。

では、ほんのわずかではあるが、散り際における雄グモたちの気持ちを追体験してみよう。目で楽しんだその後は、皮膚と筋肉と、それらにつながる神経でもって、その毒性をも知らねばならぬのだ。ここからが本番。ここからが真の冒険。危険を冒すと書いて冒険である。

おそるおそる、セアカゴケグモを手のひらの上にやさしくつまみ上げる。毒を撃ち込まれたい気持ちはたしかなので、カウンター上等とばかりに荒々しく捕まえてもいいはずなのだが、いざあれほど喧伝されていた「毒グモ」を前にすると、本能から痛みを恐れておよび腰になるものである。

だが意外にも、手のひらのクモは咬みつくそぶりを見せない。どうにか逃げ出そうと、せわしなく走り回るばかりだ。指先でつついてみても、息を吹きかけてみても、反撃の構えすらとらない。

おや、これはどうしたことか。凶暴凶悪な猛毒グモではなかったのか。空前絶後、未曾有のバイオハザードを引き起こす恐ろしいスパイダーではなかったのか。だからこそ20年前、この世の終わりとでもいわんばかりに連日連夜の報道合戦が行われていたのではなかったのか。まさかこれほど臆病でおとなしいクモだったとは！

仕方がないので、右手の指先でクモの頭部を左手の甲へ押しつけ、咬みつかざるをえない事態を無理矢理に演出した。

　牙を手の甲へ押しつけること数秒、ほんのわずかに「チク……」という、縫い針の先端を軽く落としたような痛みが走った。いや、痛みと呼んでいいのかすら怪しい。意識しなければ、知覚していたかも定かでない。その程度の刺激である。

「えっ。今のか？　今、咬んだのか？」

　毒グモに咬まれたのに、その確信がもてない。こんなことってあるだろうか？　傷口らしい傷口も見当たらない。そもそも、「セアカゴケグモに咬まれると激しく痛む」のではなかったのか？

　これがセアカゴケグモの真実か。いや、まだわからない。毒グモに限った話ではないが、牙や針で毒を撃ち込む際には、相手に切っ先が刺さってもうまく毒が注入されない「ドライバイト」という現象がつきものなのだ。もし今の「チク……」がドライバイトならば、痛みが薄弱なのは当然のことであろう。だが、その仮説はすぐに打ち砕かれた。

迫り来る毒の恐怖

　1分、2分と時が経つごとに、咬み跡がヂリヂリ、ジンジンと痛みだした。腫れ上がりはしないものの、ほのかに赤みも出はじめた。毒の影響とみて間違いないだろう。あれは断じて「ドライバイト」などではなかった。実際はしっかりと体内へ毒を注ぎ込まれていたのだ。

　そこからさらに5分も経つと、左腋の下、つまり腋窩（えきか）リンパ節が痛みはじめた。咬まれた傷口よりも明確に、強く痛むのだ。こうしたリンパ節の痛みは、毒グモだけでなくムカデやスズメバチに刺された際にも生じる典型的な「刺毒」の症状である。

咬まれた瞬間の痛みはなく、それでいて確実に体内へ毒を送り込んでいる。こんな毒ははじめてだった。痛いが、面白い。そう感じた。

セアカゴケグモの毒の主成分のひとつは「α-ラトロトキシン」という神経毒の一種である。この手の毒は、神経を麻痺させるものであり、組織を直接破壊して炎症を引き起こすタンパク毒（クラゲなど）やヒスタミン系の毒（ハチ、ムカデなど）のように、注入時に必ずしも痛みを伴うわけではないらしい。勉強になる。

さらに15分、20分と経つうち、左腋窩リンパ節の痛みが明らかに強まった。これ以上強く痛むと、日常の基本動作に支障が出るだろう。どうか、これが痛みのピークであってほしい。

などと祈っていると、さらに痛みが広がり、今度は左胸が痛み出した。腫れぼったく、鈍い、膝の成長痛に似た痛みだ。心臓に近い箇所であるだけに、これにはさすがに少々の危機感を覚えた。

30分が経過する頃には、胸と腋の痛みが増し、なぜか徐々に左腕全体に脱力感を覚えるようになってきた。腕全体を打撲して鬱血したときのような鈍い痛みと痺れを感じる。左手の握力は、明らかに落ちている。これが噂に聞く神経毒による麻痺か！　初体験だ。

40分後には、手から肩にかけてまったく力が入らなくなってしまった。どう意識しても、腕が動かない。まるで、左上半身だけが過剰なウエイトトレーニングを一気にこなした後のように脱力しているのだ。僕は身長176cm、体重70kg以上の成人男性であるからこの程度で済んでいるが、もしこれが体の小さな乳幼児であったら……。危険な状態に陥るかもしれないなと空恐ろしくなった。

1時間ほどもすると、握力をほぼ失う。なんとか形ばかりの拳を握ることはできるが、ペットボトルの蓋はとても開けられる気がしない。さらに、人差し指を主とする左手の骨が痛みだす。骨の芯だけ打ち身をしたような鋭い、それでいて陰湿な不快感を含んだ神経の痛みである。

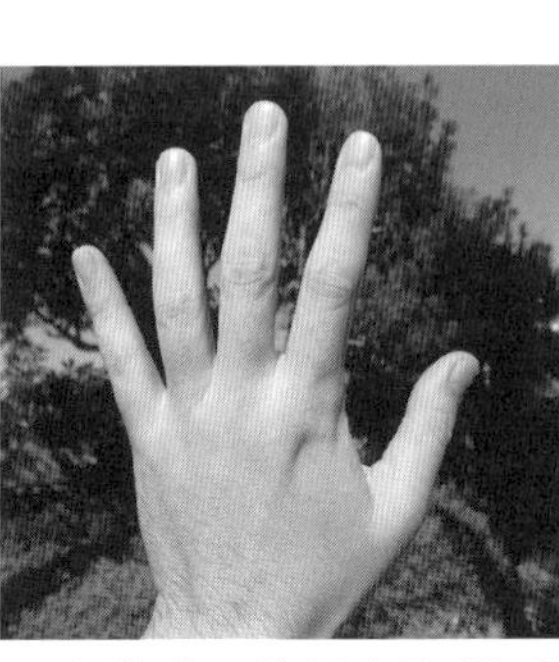

セアカゴケグモに咬まれた手の甲。目立つ腫れや傷跡はなく、痛みもわずか。……そのさりげなさが怖いのだ。

後から振り返ると、この辺りがもっとも症状が劇的な、「痛みと痺れのピーク」であった。これ以上は、患部の腫れや赤みが増すことはなかったので、いわゆる「山を越えた」状態といえる。そこからやがてリンパ節の痛みと左上半身の麻痺や倦怠感が和らぎはじめ、握力も含めた全症状が快方へと向かっていくのだった。

咬まれてから3時間もすれば、症状はまったくなくなり、普段通りの作業が行えるようになった。だが、どういうわけかその日の晩、眠りにつこうという時になって再び腋と胸の痛みがぶり返してきた。このように一度は落ち着いた痛みが就寝時にぶり返すケースは、オコゼやゴンズイなどの毒魚に刺された際にもしばしばみられる。

ホラー映画一作目の、続編を見据えたラストシーンよろしく、終わらぬ恐怖を示唆されるようで実に不快かつ不思議な現象である。

目が覚めればリンパ節と胸部の痛みは消えているが、お次は手の骨の痛みがぶり返してきた。激しく苦しむわけではないが、ふとした拍子に虫歯に似た、神経へダイレクトに障る痛みを覚えるのでなかなかに鬱陶しい。なお、その際は冷水や氷を当てて冷やすと明確に楽になるのだった。

さらに、些細なことではあるが、軽微な痒みが2週間以上にわたって患部に残った。これも少々ながら不快ではあった。

——以上がセアカゴケグモ咬症の一例、その一部始終である。

セアカゴケグモに咬まれ、はじめて神経毒の作用を実体験できたことによる学びは大きかった。まず、また聞きの羅列のみで構成された文献や報道は信用しすぎてはならないことをあらためて知った。

焼けるように痛むだと？　刺すような強い痛み？　いい加減なことを言うな。

まあ、侵入発覚当時は情報が不足していただろうし、安全第一の観点からすれば、多少は恐怖を煽るくらい大袈裟に語ったほうが効果的なのだろうが。

だが、このクモに関しては「咬まれた瞬間はほとんど痛みを感じないことがある」というのは必ず記述すべき重要なファクターであろう。なぜなら、咬まれたことを自覚しないまま麻痺の症状が出てしまうと、場合によっては正しい対処を施せず危険だからである。

たとえば、まだ言葉のおぼつかない乳幼児がこのクモに咬まれたとする。その場合、何が起きたのか当人も保護者も理解できないまま、疼痛に泣きじゃくる。さらにその数十分後には麻痺（それも成人男性の腕一本を機能停止させるほどの）に至る――。

そんな想像をすると、実に恐ろしいではないか。本種の分布する地域でそのような不可解な事態が発生した場合、正確な症状が周知されていれば、セアカゴケグモ咬症を想定した迅速な診療対応をとれるかもしれない。

危険な生物に刺されたり咬まれたり、というセルフ人体実験的な取材形式は今にはじまったことではない。だが、この日を機にその悪癖が加速していったのは事実である。

「飛び抜けて力が強い」「毒をもつ」などの能力を備えた虫たちについては、その個性をできる限りこの身を呈して受け止めていこう。それがもっとも確実に、詳細に、深く、愛すべき虫たちを知る唯一の方法であるのだから。そんなことをもセアカゴケグモにあらためて教わったのだった。

……世の中にはベンチに座ったまま完結する冒険もあるということをおわかりいただけただろうか？

ハイイロゴケグモとクロゴケグモ

●ゴケグモ咬症エピソード

沖縄本島で捕獲したハイイロゴケグモ。セアカゴケグモと近縁ではあるが、あのような毒々しさは感じられない控えめな外見だ。

セアカゴケグモについて記したならば、次の2種についても触れないわけにはいくまい。同じくゴケグモ科を代表する毒グモであるハイイロゴケグモとクロゴケグモだ。

ハイイロゴケグモの出自には、諸説あるが、アフリカ大陸や中南米が原産と考えられている。その名の通り全身が灰色もしくは褐色で、セアカゴケグモとは似ても似つかぬ地味な見た目だ。日本にも移入が確認されており、近年では各地で目撃情報が相次いでいる。

一方のクロゴケグモは北米原産で、セアカゴケグモによく似た姿をしている。ただし、赤い模様の面積が極めて小さく、ほとんど全身黒一色に染め上げられている。やはり独特の存在感を放つ容姿である。

当然ながら、これら2種にも実際に咬まれてみた。近縁種同士ながらその結果には大きな差が表れた。

まずハイイロゴケグモには、外来種として定着しつつある沖縄本島で咬まれてみた。きっかけは学生時代からの友人に「マンションの外壁にゴケグモっぽいクモがいる」と連絡をもらったことだった。「またまた〜。どうせよく似たヒメグモか何かを誤認しているんだろうなぁ〜?」そう思いつつも念のため訪問してみると、いるわいるわ。マンションの配電盤下や排水管内など、雨風をしのげそうな場所にはことごとくハイイロゴケグモが網を張っていた。

その自治体ではハイイロゴケグモが見つかったという記録や報告はなかったのだが、なかなかどうして大量発生しているではないか。セアカゴケグモの場合もそうだったが、この手の小さな外来生物が発見、報告、周知されるのは、すでに繁殖が進んだ段階になりがちなものだ。

なるべく立派な雌グモを捕まえてみると、セアカゴケグモと同じように逃げ惑うばかりで、咬みつくそぶりをまったくみせない。

ならばこれしかない、とばかりに頭部を手の甲へ押しつける。「チク……」と、小さな痛みが走る。デジャヴ。これは、また腕が動かなくなるコース一直線か! と思いきや、経過はかなり異なっていた。

咬まれて数分が経つと、傷口付近からじわじわと、周囲の骨へジンジンと鈍い疼痛が広がっていく。さらに傷口の周辺には、ほんのりと熱をもつような感覚を覚え、やがて手の甲にうっすらと痺れが生じる。その後、30分ほどで手の甲から肘にまで痛みと痺れが広がったが、意外にも2時間ほど経過したあたりで症状は改善した。

おおむねの症状はセアカゴケグモに似るが、こちらのほうがはるかに軽い。たしかに、両種が揃って分布するオーストラリアでは「ブラウンウィドウ（ハイイロゴケグモの英名）の方がレッドバックウィドウ（セアカゴケグモ）よりは毒性が低い（症状が軽微）」と説明されることが多い。この毒性の序列は、見た目のインパクト通りの結果であるともいえる。

では、よりセアカゴケグモに近い雰囲気を醸し出すクロゴケグモの場合はどうだろうか。

クロゴケグモと遭遇したのは、アメリカ・ルイジアナ州の田舎町であった。

宿泊先のモーテルに併設されたボート置き場、あるいは庭先に積まれたレンガや薪の隙間に、彼女たちはいた。原産国での暮らしぶりからは「人間の生活に寄り添って生きる、ごくごくありふれた家屋を好む虫」という印象を受けた。

セアカ、ハイイロと同様につまみ上げ、強引に手の甲

クロゴケグモ。セアカゴケグモに似るが赤い紋はとても小さく、一見すると全身黒ずくめに映る。アメリカを代表する毒グモだ。

を咬ませてみる。すると、傷口の周囲が小さく腫れ、次第にズキズキと痛みはじめた。やがて痛みはセアカゴケグモの場合と同じく腋窩リンパ節から胸部へと広がるが、麻痺の症状は見られない。

不思議なのが、傷口の周囲が「冷たく」なっていったことだ。百円硬貨ほどの範囲の患部のみが、まるで氷を押し当てたかのように、局所的に体温が下がっているのだ。だがそれでいてじっとりと汗がにじみ、なんとも気味が悪い。これも毒が神経系に作用して、機能を狂わせた結果なのだろうか。

さして大きな苦痛は感じなかったものの、痛みと患部の冷感、汗のにじみが完全に解消されるには丸4日間を要した。

僕個人に限ったケースではあるが、麻痺がみられなかっただけ、セアカゴケグモより症状は軽かったといえる。しかし、患部が冷たくなるという現象にはなんともいえない不安感を覚え、妙な恐ろしさを覚えた。

同じゴケグモ類であっても、種によって少しずつその症状が異なるのは興味深い事実だろう。ちなみに、この一連のゴケグモ咬症エピソードをウェブサイトで公開したところ、各方面から奇人・変人の類、あるいは変態として扱われ、しばらく謂れのない苦労を強いられた。誠に遺憾です。

オオクロケブカジョウゴグモ

タランチュラの誤解とジャパニーズタランチュラ

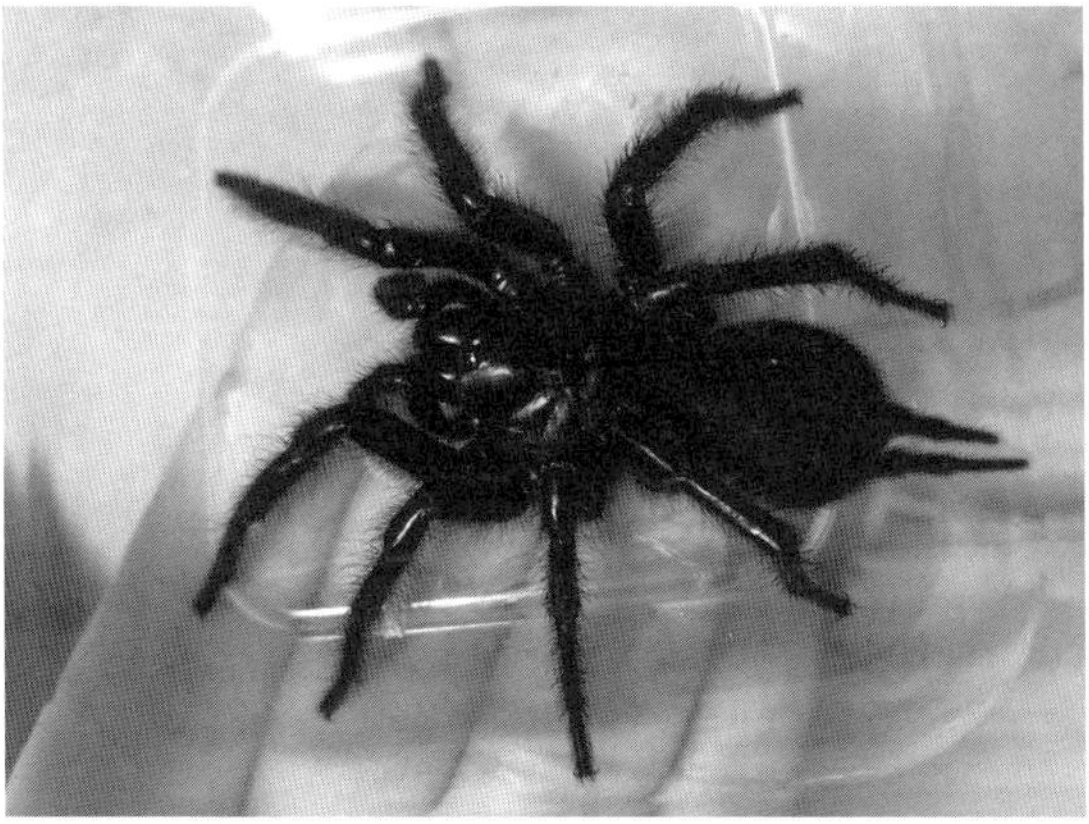

そのずんぐりした体格から、しばしばタランチュラに喩えられるオオクロケブカジョウゴグモ。だが毒の強さはそれをはるかに凌ぐ。

毒性についてあらぬ誤解を受けているクモがいる。かの有名な「タランチュラ」と呼ばれるクモたちは、大げさな喧伝のされ方をしているのだ。

タランチュラとはオオツチグモ科に属す熱帯産の大型クモ類の総称である。まるで毒グモの代表といった扱いをされがちな彼らだが、そもそもほとんどのタランチュラは一般的なクモと同じく、餌の昆虫を捕らえるための弱い毒しかもたない。

種によって毒性は異なるため一概にはいえないのだが、僕がかつて咬まれた北米産のテキサスブラウンタランチュラと、南米産のゴライアスバードイーター（世界最大級のクモ）に関しては、牙が鋭く長いため、物理的な痛みはそこそこあるものの、毒による症状はごく短時間、患部がジンジンと疼く程度のものだった。結局は、たくましくいかにもおそろしげな風貌から妄想された根も葉もない噂でしかないのだ。

むしろ、アメリカ大陸原産のタランチュラの場合、毒牙などよりその腹部に生えたクマのような体毛の方に注意すべきである。このフサフサした毛は「刺激毛」といい、先端はやじりのように鋭く、さらに返しまで備えている。

タランチュラたちは身に危険が迫ると、後脚を巧みに使い、この刺激毛を外敵めがけて蹴り飛ばすのだ。なんともショボい攻撃に感じるが、これがなかなか侮れない飛び道具になる。

人間の皮膚にこの刺激毛が刺さった場合、その周囲は異様な痛痒さに襲われる。そこで驚き、掻きむしると、刺激毛がさらに皮膚へ擦り込まれて症状が悪化するのだ。焦らずそっと、粘着テープなどを使って剥がし取るのが最善である。現地の、タランチュラが出現するような僻地の野外で、その装備と余裕があればの話だが。

体格が大きく毛むくじゃらの、「タランチュラ的な」いかにも恐ろしげな外見をしたクモの中にも、ちゃんと毒性が強い種は存在する。

たとえば、俗に「日本のタランチュラ」と称されるオオクロケブカジョウゴグモの毒牙は強烈だった。

オオクロケブカジョウゴグモは八重山諸島に分布する大型のクモで、ずんぐりむっくりとした体は真っ黒で、その名の通りビロードのような毛で覆われている。

本種はオオツチグモ科ではなくジョウゴグモ科に属すため、厳密にはタランチュラの定義から外れる。だが、太短く力強い脚も相まって、たしかにタランチュラに通じる迫力が感じられる。

オオクロケブカジョウゴグモは森林に転がる岩や倒木の下にできたわずかな隙間をすみかにしており、地上に向けて漏斗型の網を張り巡らせる。この網はある種のセンサーになっており、通りかかった虫や小動物がうっかり触れると、その振動が巣穴に潜むオオクロケブカジョウゴグモの脚に伝わる。すると次の瞬間、クモは巣穴から飛び出し、その大きなキバで獲物を引きずり込んでむさぼり食うのだ。なお、ジョウゴグモの名はこの網の形状からつけられたものである。

と、こんな具合に人里離れて、人目を避けてひっそりと暮らしているクモであるから、意図して探さなければ出会うこと自体がほとんどありえない。そのため毒の有無について特に言及している文献も存在しなかった。

それでも、僕はわざわざ石垣島の山中へ、このクモに咬まれに行った。なぜなら、このクモは世界一危険な毒グモといわれるシドニージョウゴグモに近縁だからである。

シドニージョウゴグモはオーストラリアに分布するクモだが、オオクロケブカジョウゴグモと違って公園や農地、庭先など、人の生活圏にもしばしば出現する。そのため、ふとした拍子に咬まれる事故が頻発するのだ。その毒性は強烈で、咬まれれば激痛に苦しみ、酷い場合は死に至ることもあるとされる。

ならば、オオクロケブカジョウゴグモも広く知られていないだけで、大なり小なりの毒をもっていてもおかしくない。実際のところを確かめたい。そう考えたのだ。

石垣島には、昆虫をはじめとする小動物の採集が禁止されている保護区域が多く、そこを避けて山へ踏み入る。

歩くことしばし、涸沢（からさわ）の中央に台風に折られて朽ちたとみられる倒木を見つけた。サキシマハブを警戒しながら腰を落とし、倒木を捻り起こす。すると、その下から黒い大きな影が飛び出してきた。ジネズミかと思ったが、それこそがオオクロケブカジョウゴグモだった。脚を広げるとコースターからもはみ出してしまいそうな大型個体である。これは毒味（？）するにはこの上ない。

捕まえようと手を差し出すと、前脚と上体を大きく振り上げて威嚇の姿勢をとる。この体勢になると、鮮やかな赤に染まった大きな牙がハッキリと見えて非常に恐ろしい。全身が真っ黒であるのに牙だけが赤く、威嚇時にのみ露わになるのは、これが向き合う相手に自らがいかに危険な存在かを知らせる警告信号なのかもしれない。

これほどまでに自信満々、やる気満々な様子を見せられると、さすがにこちらもひるんでしまった。いったんプラスチック製のバケツへ収容してすぐに街へ戻れる算段を整えてからじっくり咬まれることにした。深呼吸をし、いよいよバケツの底に鎮座するオオクロケブカジョウゴグモの前へ左手を差し出す。セアカゴケグモのときもそうだったが、毎度毎度こうして左手を実験台にするのは、利き手である右手を損傷すると日常生活や執筆作業に支障をきたすためである。そのうち、我が左手の生霊に祟られるのではないかと思っている。

トン、と第二指の指先がバケツの底に触れた途端、オオクロケブカジョウゴグモは目にも留まらぬ速さで跳びつき、牙を突き立てるとすぐさま離れてバケツの中を逃げ回った。ヒットアンドアウェイ、相手を怯ませてそのうちに逃げ去る戦法だ。刺毒をもつ多くの虫がそうだが、このやり口を成立させるには、その毒が一瞬のうちに敵へ激痛を与えられるものであることが前提となる。

それこそ声を出す隙もなかった。咬まれた、という実感すら湧かなかった。だが、ほんの一刹那の間を置いて激しい痛みを知覚した。ムカデやハチよりもさらに鋭く、金属的な痛みと、それに続く骨が焼けるような灼熱感。明らかに強毒を撃ち込まれたと直感的に理解できる。

ほぼ無痛だったセアカゴケグモや、物理的な刺痛が主だったタランチュラとは比べ物にならないレベルの痛み。従来、日本産クモ類の中でもっとも強い毒性をもつとされてきたカバキコマチグモをも凌がんばかりに劇的である。日本最強毒グモの候補がここに爆誕してしまった。

咬まれた毒の痛みは予想を上回り、恐怖を感じるレベル。出会ってすぐその場で咬まれなくてよかった……。

傷口は浅すぎて血すら出ない。だがそれでも赤みを帯びて、やがてビリビリと痺れてくるではないか。この感電のような痺れはデンキムシことイラガ類の幼虫に刺された際の症状に似ている。ただし、痛みは段違いに強いが。

そういえば、セアカゴケグモに咬まれた場合にも同じく局所的な傷口の周辺にのみ痺れが生じていたので、本種の牙から分泌される毒液には神経毒も含まれているのかもしれない。

「あれっ、これ大丈夫か⁉」

毒の有無を確かめるために咬まれたのではあるが、予想を上回る激痛に恐怖と焦りを覚える。このクモの眷族は世界最強の毒グモ。多くの人々を死に至らしめてきた危険生物である。痛みの強さから考えると、死にはしないまでもしばらく寝込むような事態に陥りかねない気がしてきた。

だが、幸いにも咬まれた直後が症状のピークだったらしい。

4時間ほど経過するとおよそ回復し、日常生活には支障をきたさないくらいになった。とはいえ、肉眼で傷口も確認できないようなスタッカートな一咬みでこれほど絶大な効果をもたらすとは。もしもがっぷりよつに組みつかれ、1秒、2秒とレガートに毒を撃ち込まれでもしたら……！　それはもうとんでもないことになるのではないか。

実際どうなるか気になるところではあるが、さすがにもう一度あの激痛を自ら味わうのは恐ろしい。

いずれにせよ再び試す際は、せめて数日以上の休暇を確保してから臨みたいものである。

偏愛図鑑　クモ編

セアカゴケグモ(雌)

生息地域：日本、世界各地
食性：昆虫等
体長：約 7 ～ 10mm

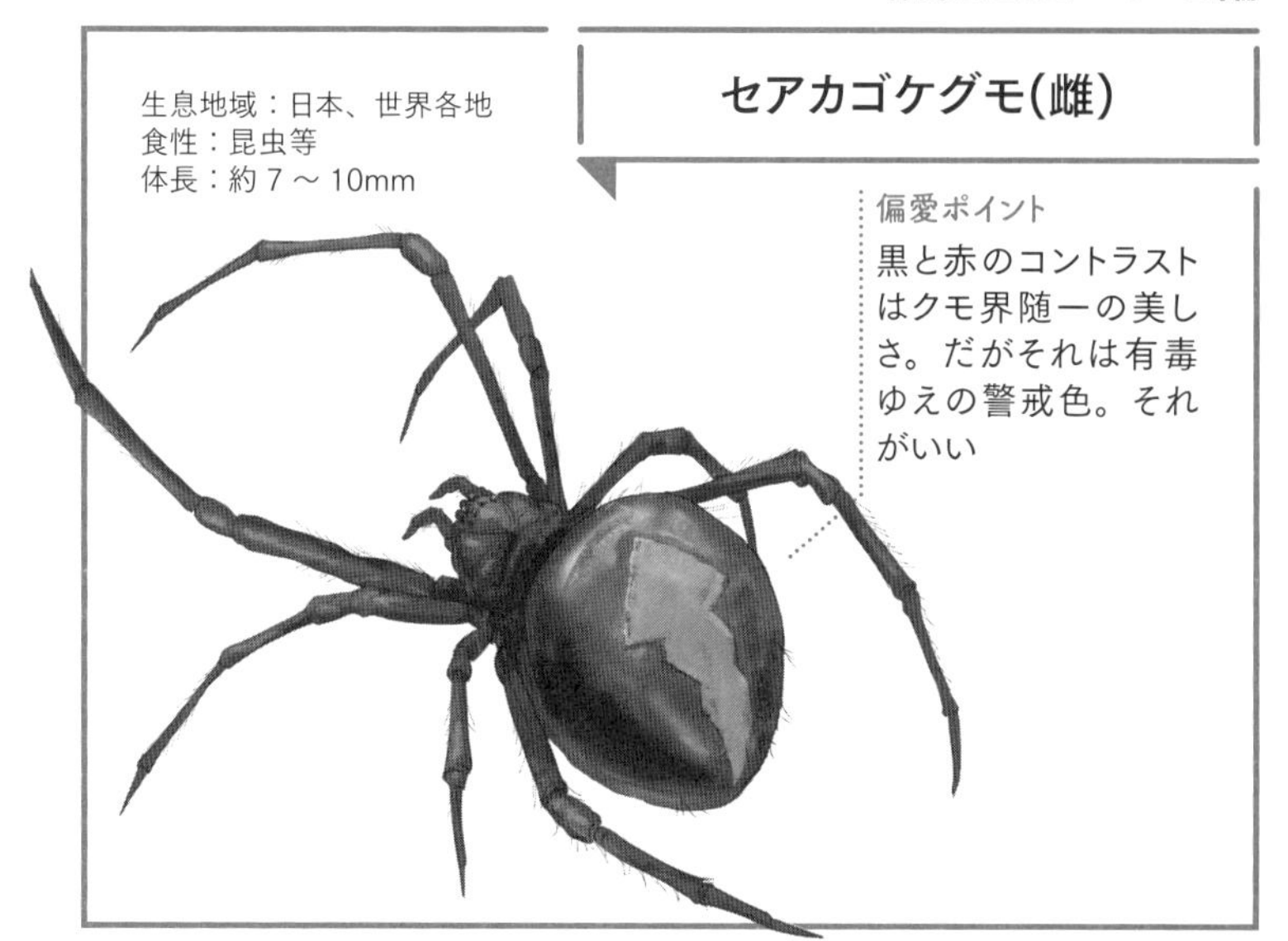

偏愛ポイント
黒と赤のコントラストはクモ界随一の美しさ。だがそれは有毒ゆえの警戒色。それがいい

ハイイロゴケグモ(雌)

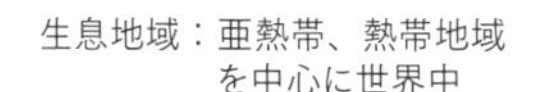

生息地域：亜熱帯、熱帯地域を中心に世界中
食性：昆虫等
体長：約 7 ～ 10mm

偏愛ポイント
ゴケグモの中では地味で目立たない体色。毒の弱さに基づく自信のなさの表れか～?

クロゴケグモ(雌)

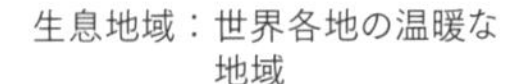

生息地域：世界各地の温暖な
　　　　　地域
食性：昆虫等
体長：約 8 〜 10mm

偏愛ポイント
「漆黒の毒グモ」という直球すぎるカッコよさ。ゴケグモ類最強の毒をもつのも◎

オオクロケブカジョウゴグモ(雌)

生息地域：宮古島、石垣島、
　　　　　西表島、
　　　　　与那国島等
食性：昆虫等
体長：約 20 〜 35mm

偏愛ポイント
タランチュラを思わせるずんぐりした巨軀！こんなクモが国内にいることがうれしい。毒の有無を自分自身で解明したという点でも思い入れあり

ハチ編

この本を書いている時点で、僕は38年間生きてきた。もうじき人生の折り返し地点というところまできているわけだ。だが、物心がついてからの30年は延々と、虫や魚を追いかけることに費やしてしまった。そのせいでいまひとつ、周りよりも人生経験が乏しいような気がしてならない。

明確に人様より長じたところといえば、刺され咬まれた毒虫の種類くらいのものである。その点は間違いなく標準を超えている。全国でもそこそこ戦えるレベルだと思う。

一体、これまでに何種類の虫に刺されたものか。数えたことはないけれど、こんな本を出版できるくらいだから100種くらいには達しているのだろう。

その中でも、特に印象に残っているのは人生最初のひと刺し、毒初め、マイファーストヴェノムである「ハチ」だろう。

アシナガバチ

マイファーストヴェノム

ミツバチについで身近なハチといえばアシナガバチ類。姿形から暮らしぶりまで「ハチらしさ」にあふれている。もちろん毒性も◎。

当時はまだ幼稚園児で、外遊びの時間になると園内の草むらや菜園で昆虫やカナヘビなどを夢中で捕まえて遊んでいたものだった。

ある日、敷地の片隅に茂っていたカラムシの葉の裏に何やら大きな虫が潜り込んでいくのが見えた。カミキリムシか何かだろうとアテをつけ、捕まえてやろうと葉っぱごと素手で握りしめたところ、皆様ご存じ、例の激痛が指先に走った。

慌てて手を開くと、1匹のアシナガバチが飛び去っていった。完全に事故である。半ばパニックになりながら、幼稚園の職員室へ駆け込む。

ハチに刺された旨を先生らに伝えると大騒ぎになり、慌てて救急箱から虫さされ用のクリームが取り出された。

おそらくその場にいる全員が「違うよなぁ……。これカとかアブに刺されたときに塗るやつだよなぁ」と思いつつ、それでも現状の最善策としてパッパッに腫れはじめた右手へと塗り込められていった。

ところが、騒ぎを聞きつけて最年長者である園長が現れ「おしっこかけとけば治る。おしっこかけてきなさい」と、過酷な鶴の一声。クリームは洗い流され、屈辱の民間療法が施されることになった。

元号が平成に変わってまもない当時は、「ハチの毒はアンモニアで中和される＝アンモニアの含まれる尿が薬になる」という説がまことしやかに囁かれ、一般に広く支持されていたのだ。

言われるがままに男子トイレにて塗布を行ったが、特に痛みが和らぐ実感はない。その後、半日もすると症状は軽くなったものの、それがアンモニアの効能によるものなのか、はたまた単なる自然治癒なのかは釈然としなかった。なにせハチに刺されるのも、指に自分の尿をかけるのもはじめての体験であるから、比較のしようもない。

なお、案の定というべきか、令和の世においてはアンモニアによるハチ刺症の治療は医学的に否定されている。医療機関や自治体によっては「ハチに刺されてもおしっこをかけないように」という注意喚起の声明を発表しているケースもある。

つまり、当時の僕は泣きながら自分の指に尿をかけただけ。ただそれだけの哀れな少年であったわけだ。

だが、尿はともかくハチ、しかも比較的大型のアシナガバチに刺されたという経験は平坂少年にとって大きな収穫であった。これから歩む30年のうちに何度となくさまざまなハチやアリに刺されてきたが、そのたびにこの体験は冷静な対応と記録を支える礎となってくれた。

ミツバチ

「小さい」「かわいい」そして「蜂蜜を生み出す」ゆえに愛されるハチ、それがミツバチ。人間と友好条約を結んだ昆虫ともいえる。

自らの命を賭けた捨て身の攻撃

アシナガバチとの出会いの後、まもなくして次なるハチ毒体験を経ることになる。

小学校に進学したての頃だったと思う。自宅のベランダに干されていたシーツに、1匹のミツバチがとまっていたのを見つけた。

なお、日本で見られるミツバチには在来種のニホンミツバチと、養蜂の対象種として広く飼養されている欧州原産のセイヨウミツバチがあるが、このとき遭遇した一個体がそのどちらであったかは、今となっては断言しかねるところである。

ただ、当時の自宅周辺は住宅街であったが、ところどころにシイの林が取り残され、その樹洞にニホンミツバチがしばしば造巣していたことから、こちらにより強い

疑いがかかってはいる。

話を戻そう。飛翔せず、静止しているミツバチの姿というのは、それまであまりお目にかかったことがなかった。せっかくの機会なので、まじまじと眺めた。蜜や花粉を集める仕事に疲れたのだろうか。働きバチもサボりバチになるのだなぁ、と思った。

よく見ると、ミツバチというのは実にかわいらしい姿をしている。ふささふさと毛を蓄えた体と太短い脚はぬいぐるみのようだ。さらに漫画じみて大きな眼は、アシナガバチやスズメバチといった一般に「怖いばかりのハチ」と認識されている連中とは一線を画すマスコット感を醸し出す。

さすが、家畜化されるような虫はたたずまいからして違う。「みつばちマーヤ」や「みなしごハッチ」のモデルになるわけだ。悪者感がいっさいない。わかりあえそうな気さえする。指先でつついてみても、もぞもぞとあとずさりするばかりで、怒る様子は見受けられない。

ここで、一方的に心を許したのがいけなかった。

「これほどおとなしいなら、意外といけるのでは……?」

と、ついつい指先でつまみ上げてしまったのだ。

無論、次の瞬間には親指の腹をあの時と同じ衝撃が貫いた。やっぱり刺された！　意外といけなかった！　すぐに部屋へ飛び込み、泣きながら母親に助けを求めるのだった。

思い返すほどに間抜けとしかいいようのないガキである。「ハチに刺されました。なぜならハチを素手でつまんだからです」と泣いているのだ。この時ばかりは母もさぞかし我が息子の将来を不安に思っ

毒針
卵巣

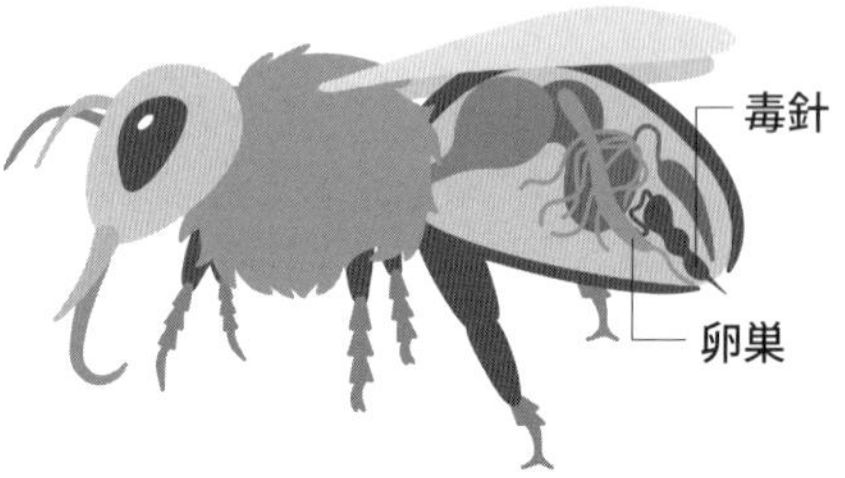

ハチの毒針は産卵管が変化したもので、体内で卵巣につながっている。敵を刺せるのは雌だけだ。

たことだろう。

母は少し慌てた様子で毛抜きを持ち出してきた。あの慌てようは、かわいい息子を苦痛から救わねばという使命感か。はたまた、かわいい息子の将来を案じた焦燥感か。

毛抜きを用いるのは皮膚に残された毒針を除去するためだ。アシナガバチやスズメバチの場合でも毒針のかけらが皮膚に埋め込まれるように残留し、炎症の原因となることがある。だが、ミツバチの場合はより深刻な事態となる。

働きバチたちというのはすべて雌で、彼女たちの毒針は産卵管が変化したものである。毒針には銛先のような返しがついており、いったん外敵に突き刺すと容易には抜けなくなる。さらには、やがて毒液を溜め込んだ袋ごとハチの腹部からちぎれ落ち、皮膚へと取り残される。その後は、袋が空になるまで毒液を注入し続けることとなるのだ。当然、臓器の一部を破棄するわけだから、その個体はまもなく絶命してしまう。まさに捨て身の攻撃というやつだ。

ミツバチはアシナガバチやスズメバチより毒性が弱く、体内に溜め込んだ毒の総量も少ない。だがこの命をかけた全力攻撃により、時としてそれらの大型のハチを上回るほどのダメージを人にもたらすことがあるのだ。

さて、この時も指の腹には毒針が残っており、それを毛抜きで除去して応急処置とした。その甲斐あってか半日もすると症状は改善した。

しかし後日、昆虫採集中に山の中でうなじを刺された。たまたま首筋にとまったミツバチを、それと気づかず手で押さえつけてしまったのだ。その際には、場所が場所だけに自力で毒針の除去ができず、患部は大きく腫れて痛みも数日にわたって続いた。さらには小さなしこりが1年以上残り続けたのだから、これはもはや、ある種の呪いとか怨念の類に通じる攻撃といえよう。

なお、ミツバチの仲間は本来とてもおとなしく、よほどのことがない限りは向こうから人間を攻撃することはない。特にニホンミツバチは輪をかけて性質が温和である。

長崎県の対馬には「蜂洞（はちどう）」という原始的な巣箱を用いたニホンミツバチの養蜂文化が残っている。蜂洞は丸太の内部をくり抜いて営巣しやすくし、さらに上部へ屋根を取り付けて雨風をしのげるよう細工した巣箱である。

これを林縁の斜面など、ニホンミツバチが寄りつきやすい場所へ置いておき、女王バチが棲みつくのを待つ。現代で主流となっている効率的なセイヨウミツバチの商業養蜂と比べると、のんび

対馬の「蜂洞」。原始的な巣箱で、アジア各地にも見られる。大陸からの養蜂伝来過程が偲ばれる。

巣を暴かれ、蜜を奪われ、追い立てられ……。怒り狂っていると思いきや、群れに手を突っ込んでも平気。

りしているというか、ハチ任せの要素が大きい養蜂である。

対馬へ出向いた際、実際に採蜜の様子を見学したことがあるのだが、巣箱を暴いても攻撃してこない。それどころか、巣からあふれ出した働きバチの群れを素手で掬い取ってもなお刺そうとしないのだ。

どうりで、養蜂家の方々はいずれも顔も首もむき出しで、悠々と作業にあたっていた。この穏やかさも、養蜂という文化が各地で確立された要因のひとつなのかもしれない。

余談だが、世界にはさらにおとなしいミツバチで養蜂を行っている地域もある。東南アジアや中南米などの熱帯地方では、ハリナシミツバチという、その名の通りそもそも毒針をもたない小型のミツバチを飼って蜂蜜を収穫する。

進化の過程で毒針を放棄したと考えられており、巣を襲う外敵には咬みついたり、強酸性の唾液を吐きかけることで攻撃を加える。とはいえ、これらの攻撃も人間にはほぼ無害である。

クロスズメバチ

「ヘボまつり」とうまい生幼虫

クロスズメバチ。スズメバチの仲間だが、小型でおとなしい。さらにはうまいのだから内陸部では大人気！ ありがた迷惑だろうが。

ハチを飼育し、巣が育ちきったところで食品として利用する習慣は、何もミツバチと蜂蜜に対してのみ行われてきたものではない。

日本国内では長野県や岐阜県といった内陸県の一部に、クロスズメバチを高級食材として珍重する地域が存在する。スズメバチの仲間は巣に蜂蜜を蓄えることはしないため、利用するのは必然的にその幼虫や蛹が主となる。いわゆる「蜂の子」だ。といいつつ、成虫もスズメバチとしては小ぶりで外皮がやわらかいため、炊き込みごはんなどにして余すところなく利用されるのだが。

クロスズメバチは本来キノコや木の実と同様に秋の味覚狩りの対象であり、飼養するものではなかったと考えられる。クロスズメバチ狩りは現在でも蜂の子食文化圏では細々と残っており、テレビなどのメディアでその独特の風情あふれる光景が紹介されることも多い。

狩りにおいてはまず、餌を集めている働きバチを見つけ、肉片を与える。すると肉食性の強い彼らは巣に持ち帰るため肉片を丸めて団子をこしらえるので、その隙に胴体へ白い薄紙で作った吹き流しを取りつける。あとは、吹き流しを目印に巣に帰るところを複数人で追いかけ、地中に作られた巣を暴くという寸法である。シーズンが秋なのは、ちょうどこのタイミングで巣の規模が最大になるためだ。

また蜂の子といえば、重さで比べるならイナゴなどそのほかの食用昆虫はおろか、肉や果物よりも値が張る高級食材である。そう簡単に収穫できないようだから、成果を得たその夜にはちょっとした宴が開かれるのは想像にかたくない。

ただし、こうした収穫は季節のアクティビティとしては楽しいものだが、単純に食材の確保という面から見ると非効率でもある。そのため、いつしか「早い時期に巣を確保してそれを大きく育てる」もしくは「暴いた巣から次世代の女王を捕り、飼育下で造巣させる」といった「スズメバチの養蜂」とでもいうべきものが行われるようになったようだ。

岐阜県恵那市串原地区では、毎年10月に「へボまつり」と称して地元の腕自慢たちが育てたクロスズメバチの巣の品評会と、それらの即売会を開催している。「へボ」とは恵那におけるクロスズメバチの地方名だ。

僕も数年前に見学へ行ったことがあるが、出店は並ぶわ音頭で踊るわで、なかなかの盛り上がりだった。品評会場には重さ数十kgの巨大なクロスズメバチの巣が所狭しと並び、審査に値付けにと委員の方々はおおわらわ。

屋台では蜂の子を練り込んだ五平餅や、蜂の子から成虫まですべてを混ぜた炊き込みご飯（へぼめし）が飛ぶように売れていた。さらには、家庭用にと冷凍の蜂の子まで販売されている。それほどまでにこの地域ではクロスズメバチが食材として生活に深く根ざしているのだ。

恵那名物「へぼめし」。ハチの幼虫たっぷりの混ぜご飯！……と聞くとショッキングだが優しい味わいで美味。

また、この冷凍蜂の子について驚いたのは、品質表示ラベルに「生産国：中国」の表記があったことである。なんと、あれほど大量のハチの巣が確保されているのに、それでも需要を賄いきれず、輸入品に頼っているとは。恐るべし、恵那のクロスズメバチ愛。そして、その同志は大陸にもいるのだということを図らずして知ることができた。

ちなみに中国産冷凍蜂の子の販売価格は1kgあたり8千円と決して安いものではなかった。だが、それでも国産のものと比べれば破格の値段であるそうだ。また、味のよさも国産の非冷凍品にはおよばないとのことであった。

そんなにうまいものなのか？　と、五平餅やへボめしを買って食べてみる。……なるほど、たしかにおいしい。とりわけ感心したのが「生の幼虫」である。会場の隅に打ち捨てられた巣の破片に取り残されていたものをその場で試食してみたのだが、これが鮮烈なのだ。へボめしやへボ五平餅を食べただけではわからなかった、素材そのもののダイレクトな味が口の中に広がる。なんだこれは。はじめて体験する味だ！

脂肪分が多いためか、どことなくナッツ類に似た風味がある。しかし柔らかくクリーミーで、グリシンに起因するものと思しき甘みも感じられる。他に類を見ない味わいを誇る食材である。

なるほど。他にいくらでもタンパク源確保の手段がある現代の日本で、なぜこれほど蜂の子が珍重されるのか疑問に思っていたが、これで謎が解けた。そう、その答えは単純に「おいしいから」そして「代わりになる食材がないから」なのだろう。

そう考えると多くの人々が血眼になって追い求め、大金をはたいて買い求めるのもうなずける。いい勉強になった。

果たして女王バチは刺さないのか？

お約束というべきか、僕はここでもハチ刺されの経験値を積むこととなる。

何十というハチの巣が運び込まれている祭りの会場では、そこいら中にクロスズメバチが飛び交っている。特にメッシュ張りのハウス周りでは、巣箱から巣をほじくりだす作業を行っていて常にウンウンと羽音が唸っている。

だが、参加者の誰もそれを気には留めないし、ハチたちもわざわざ人間を襲う様子はみせない。クロスズメバチはスズメバチの中でも特におとなしいというが、まさかこれほどとは……。というか、その尻についている毒針を使うなら今しかないんじゃないか？　いくらなんでも物わかりがよすぎるだろう。もはや諦めの境地なのだろうか。

あちこちにとまっているハチたちを観察していると、初老の男性が声をかけてくれた。

「ハチには働きバチと雄バチ、女王バチの3種類がいて、この場ではそのすべてをまとめて見ることができるまたとない機会だぞ」

というのだ。たしかにその通りだ。無数のハチたちのうち、そのほとんどは働きバチである。だが目をこらして探すと、それよりやや小顔で触角が大ぶりなハチがちらほら見つかる。これが雄バチである。

ミツバチのくだりで説明した通り、ハチの毒針は産卵管が変化したものである。ということは、雄バチは毒針をもっていないのだ。ならば、と素手でつまんで手のひらの上で愛でていると、さきほどの男性が驚くべき発言をした。

「女王も刺さないから触れるよ」

えっ！　女王も!?

うーん、そうだったっけ。女王は働きバチと同じ雌だから毒針はもっているんじゃ……。でも女王は卵を産まなきゃいけないから産卵管を毒針に変えず、本来の機能を残しているということなのかも……。本だけで得た知識というものは、こういうとき曖昧になっていけない。

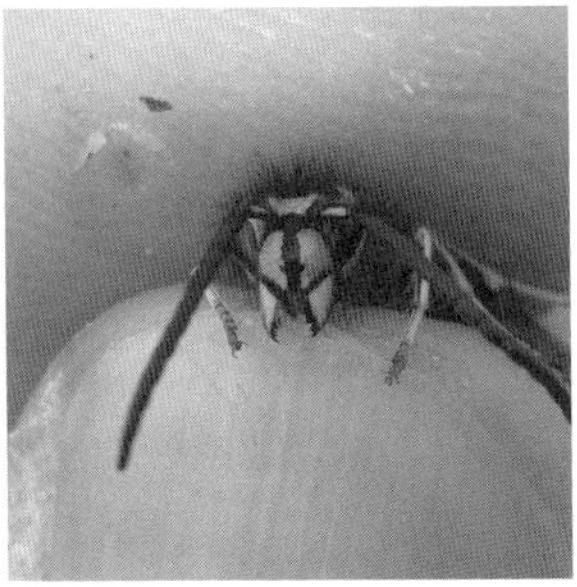

雄のクロスズメバチには毒針がないので素手でつかんでも平気！刺さないハチほどかわいいものはない。

だが、クロスズメバチとともに生きている恵那の先達がそう言っているならそうなのだろう。そしてちょうど、目の前には働きバチや雄バチよりひとまわり大きなハチがいる、女王だ。試してみろといわんばかりだ。

意を決して「マジっすか〜?」と右手を伸ばす。すると「ヂガン!!」と鋭く、骨髄に響く痛みが走った。はい。女王バチも産卵管を兼ねた立派な毒針をもっております。みなさんは気をつけましょう。

「刺されたじゃないですかー!」

「えー。女王も刺すんだねー! ごめんごめん、勘違いしてたよー」

その後、彼は奥さんに叱られながら笑顔で立ち去っていった。なんだったんだ、あのいい加減なおっさんは。でもまぁ、この体験のおかげで今後は「ハチは女王も刺す」と断言できるようになったのでよしとしよう。

だが、どうやらこの一撃で刺され癖がついたようで、この直後に服の中に入り込んだ蜂に背中を1回、追い払うときに右手中指を1回刺された。

サラッと3回刺されているが、これがなかなか痛いのだ。さすがは小さくともスズメバチ一族の端くれといったところか。その後、数日間にわたって右手はパンパンに腫れ上がった。ズキズキと痛むだけでなく、ハチやムカデなどヒスタミン系の毒に特有の痛痒さも加わり、なかなかに不快な思いをすることとなった。

催しが終わり、すべてのハチの巣に買い手がつくと、瞬く間にヘボまつりの会場は撤収されていく。あれだけいた見物客も、ところ狭しと並んだ巣も、きれいに消えてしまう。後に残されたのは行き場を失ったクロスズメバチたちだけ——と、思いきや！　なにやら、割り箸とプラ容器を手に、鋭い目でハウスのメッシュを睨むご隠居方が数名おられる。何かを探しているようだ。

ワケをうかがってみると、彼らは巣から弾き出されたハチたちの中から「新女王バチ」をより抜いている最中なのだという。新女王は、次世代の群れ（コロニー）を作り出すべく産み育てられた若い女王バチである。

彼女たちを確保して自宅へ連れ帰り、巣箱で巣を作らせることができれば、早いうちからいい餌を与えて大きな巣を作らせることができる。つまり、1年後のヘボまつりで好成績を残す可能性が高まるということだ。

次なる戦いはもう、この瞬間からはじまっているのだ。熱い。参加者はご高齢の方がほとんどだというが、何とかこの文化は後世に残してほしいものだ。

割り箸を構えた翁たちを前に、そう強く感じた。

アシナガバチの仲間

生息地域：日本各地
食性：昆虫等、果実、
　　　飲み残しのジュース
体長：20 ～ 26mm

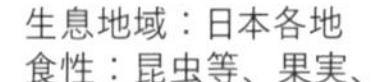

偏愛ポイント

黄色と黒の縞模様。そして腰(胸部と腹部のつなぎ目）がくびれたスレンダーボディ。社会性をもつ、という「ハチらしさ」をすべて備えたハチ・オブ・ハチ

（編集部注）アシナガバチの代表例として「キアシナガバチ」を掲載しています。

ニホンミツバチ

生息地域：日本各地
食性：植物の蜜や花粉
体長：約 12mm

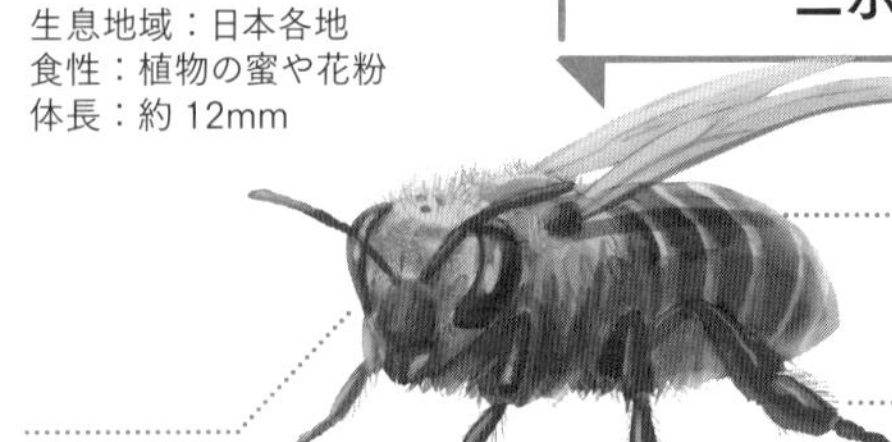

偏愛ポイント❶

ハチミツがうまい！

偏愛ポイント❷

短足気味で毛がモコモコしたボディもかわいい！

偏愛ポイント❸

顔がかわいい！

クロスズメバチ

生息地域：北海道、本州、
　　　　　四国、九州等
食性：昆虫、花の蜜等
体長：11 ～ 18mm

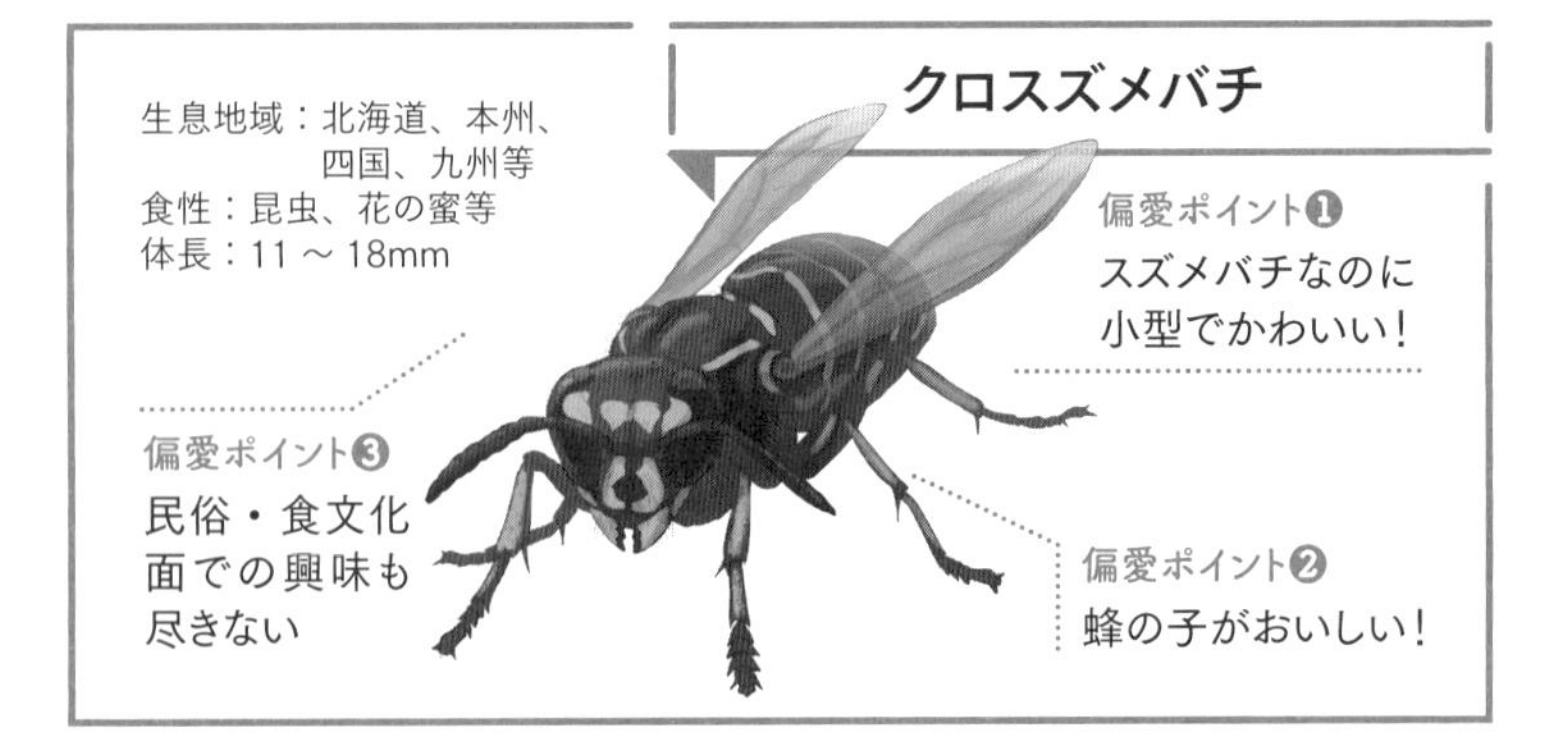

偏愛ポイント❶

スズメバチなのに小型でかわいい！

偏愛ポイント❷

蜂の子がおいしい！

偏愛ポイント❸

民俗・食文化面での興味も尽きない

ムカデ編

「一番好きな生き物は何ですか？」

と訊ねられることが多い。僕にとってこの簡潔な質問は返答に困るものである。好きな生物が多すぎて選べないのだ。こと虫や小動物に関してはかなり浮気性であり、野山へと出ればアレもコレもと、僕はいつでもキョロキョロしている。

だが、とりわけツボにハマる生物の傾向はいくつかある。まず、ヘビやウツボなど、ニョロニョロと細長いものは昔から好きだ。なぜか心惹かれる。

それとは真反対の属性のようだが、エビやらダンゴムシやら、やたらと脚の多い連中にも妙な興奮を覚える。どちらも四肢を駆使して活動する僕たちからはかけ離れた体型に、ミステリアスな魅力を感じてしまうのだと思う。

ゆえに体は細長ければ細長いほどいい。脚は多ければ多いほど、こんなんなんぼあってもいいですからね、となる。

さらに、毒があるとか異常に力が強いとか、そういった特殊能力を備えているとなおいい。怪獣とか妖怪みたいでカッコいいからだ。

たとえばデンキウナギは「ニョロニョロ＋発電能力」とふたつの要素を兼ね備えているのだからポイントが高い。脊椎動物という括りでも、上位のフェイバリットである。

ならば上記3点すべてを備えた生物がいるとしたら、それはそれは最高である。そんな奇跡の生物がいるなら、もはや神の使いかなにかなのではないか。

そう、鎖のように長くしなやかな胴体と数十もの脚、そして猛毒の牙をもつ虫――ムカデのことだ。

「ムカデは毒牙をもつ」と書いたが、実をいうとこれは便宜上の表現である。

正確には、口元に生えた毒牙的なアレは脚が変化した「顎肢（がくし）」と呼ばれる器官だ。毒牙というよりは毒爪と呼んだ方が、むしろ適切かもしれない。よって、ムカデは「咬む」のではなく「刺す」毒虫だということになる。

とはいえ、ややこしいのでここでは一般に理解しやすいであろう「咬む」という表現をあえてとる。

トビズムカデ

日本でもっとも一般的なムカデ、トビズムカデ。ダークグレーのボディにその名の通り鳶色の頭部をもつ。公園や人家にも現れる。

股間を襲撃したムカデの代表格

ムカデとひと口にいっても、たくさんの種類がある。その名の通り特に大型になるオオムカデ類。反対に極めて小型なイッスンムカデ類。脚の数が異様に多く、胴が糸のように細長いジムカデ類。胴が短く、脚も少ないイシムカデ類……などだ。

だが、その多くは土壌の中に暮らしているため、私たち人間と邂逅を果たすことはほとんどない。特にイッスンムカデやジムカデなどは非常に小型であり、触れる機会があったとしても顎肢が人間の皮膚を貫けるか怪しい。

となると、「危険な虫」「害虫」として忌避されるのはもっぱらオオムカデ科に属するムカデたちだろう。その中でも日本国内における咬害の大半は「トビズムカデ」という種によって引き起こされていると推察される。

トビズムカデは、日本各地に生息している大型のムカデで、地域によって差異はあるものの、本州、四国、九州においてはおおむね全長10㎝ほどにもなる。これらの地域においては飛び抜けて大きくなる種だ。体色についても変異が見られるが、黒っぽい胴体に鳶色の頭部、淡黄色の脚という配色が一般的である。いかにも見る者の危機感を煽る、ムカデらしいビジュアルだ。

トビズムカデは山林はもとより人家の庭や公園などに出没するため、大型ながらも遭遇の頻度が他種より飛び抜けて高い。単に害虫として「ムカデ」と称する場合、それはほぼ本種を指すものと考えていいだろう。トビズムカデはそれほどメジャーなムカデなのだ。

さて、気になるのはその症状だ。ものの本を参照すると「咬まれると激しく痛む」などと当たり障りのない表現で書かれていることが多い。実際のところはどうなのだろうか。

僕がはじめてトビズムカデに咬まれたのは、中学2年生のとある夏の夜だった。自宅(集合住宅の3階)で就寝中のこと、鼠蹊部(そけいぶ)へ灼熱感を覚えて飛び起きた。慌てて下着ごと寝巻きを下ろすと、「ヒョロロッ」とトビズムカデが床へ走り降りた。大きさは5～6㎝ほどの幼体である。一般的に、ムカデは暗く狭い場所を好む。おそらく、この個体もうっかり家内へ迷い込んできたところで、股間という落ち着けそうな空間を見つけて侵入を試みたのだろう。きっと、そのタイミングで僕が寝返りでも打ち、驚かせてしまったのかもしれない。今にして思えば誰も悪くない事件だ。

だが小さいとはいえ、悪気はないとはいえ、よりによって寝込みにムカデが……しかもこんな部位を！ ジンジンと痛む患部を実に情けない体制で押さえつつ、ムカデ自体はフェイバリットな存在であるので、とりあえず犯人を外へと逃す。救急箱を漁っていると、両親が起き出して事情を訊ねてきた。経緯を説明すると患部が患部なだけに「実に愉快」といったふうに、揃ってヘラヘラしている。こちらは必死なのだ。だが、ムカデに効果のある薬や応急処置の仕方もわからない。田舎育ちの父親ならあるいは、と期待していたのだが、「死にはしないだろう」という、考えうる限り最大限度の妥協をもって、自然治癒に任せる方針となった。

実際、患部は腫れもせず、30分、1時間と経つにつれて疼痛はおさまり、ほどなくして再び眠りにつくことができた。

目を覚ますと、痛みはきれいに消えていた。犯人が小さかったためだろうか、父の言う通り大ごとにはならなかった。むしろ学校で友人らに話すエピソードが増えたので、それはそれでよかったとすら思ったのだった。

余談だが、トビズムカデとの因縁はそれだけでは終わらなかった。その後もことあるごとに野外で遭遇し、そのたびに素手でいじり回し、ちょっかいを出し続けた結果、何度か手を咬まれてきた。10㎝ほどの成体が相手だと、患部の痛みはより強く、腋窩リンパ節に疼痛が生じた。幼体と比べるとやはり毒の量が多いのだろう。はじめて咬まれたのが成体でなくてよかったと、咬まれるたびに思うのだった。

ハブムカデ

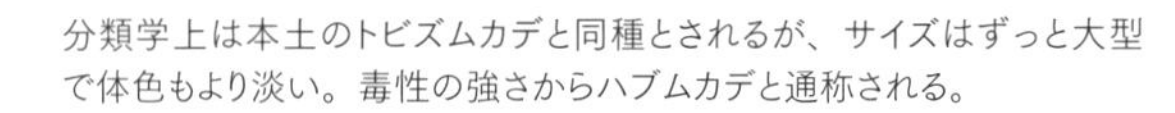

分類学上は本土のトビズムカデと同種とされるが、サイズはずっと大型で体色もより淡い。毒性の強さからハブムカデと通称される。

手がクリームパンのように腫れる強毒

トビズムカデの毒性を知り尽くしたつもりでいたところ、あるニュースが飛び込んできた。

沖縄をはじめとする南西諸島には「ハブムカデ」と通称される大型のムカデが分布している。大きなものでは全長が20㎝ほどにも達し、ハブを思わせる強毒の持ち主であることからこの名があてられたともいわれる。ムカデ類は外見だけで分類することが困難であるため、ハブムカデの正体については議論が続いていた。ところが、2021年に発表された最新の研究により、ハブムカデは日本本土に生息するトビズムカデと同じ種であることが明らかになったのだ。

似ても似つかぬサイズ差だが、人間だってドイツと日本では平均身長が大きく変わるものだし、まあ理解できない話ではないのかもしれない。となると、気になるのがハブムカデあらため南西諸島産トビズムカデの毒性だ。素直に考えるなら、同種なのだから毒の質は同じで、体が大きい分だけ毒の量も多くなる。よって咬まれた際の症状はシンプルに重くなる……といったところだろう。

とはいえ、やってみなければわからない。

というわけで、沖縄本島で「トビズムカデ」を捕まえた。全長17㎝ほどもある大物だ。長さでいえば本土産トビズムカデの2倍近いが、胴の太さを考慮すると、そのボリュームは3倍にもなろうかという迫力だ。

胴をピンセットでつかみ、優しく持ち上げる。すると、いかにも怒りに満ちた様子で頭を振り回す。逃げようというより、周囲に向けて手当たり次第に咬みつこうという素振りに見える。明らかに、本土のものよりも気性が荒い。動きもより俊敏に感じられる。

やや気圧されつつ、利き手でない左手の甲を頭部に近づけると、迷いなく咬みついてきた。勢いあまったようで、はじめの2撃は顎肢の先端が肌をかすめただけで終わった。

と、思いきや。軽くひっかかれただけの皮膚にビリビリとした痛みと痺れをはっきりと感じるではないか。なんだこれは。こんな症状、本土のトビズムカデ相手には感じたことがなかった。皮膚に肉眼で確認できる顎肢の傷跡はない。ならば、皮下に撃ち込まれた毒液はごくわずかにすぎないはず。それでいてこの刺激！　毒の量が増えることは想定していたが、毒性自体が本土産のものより強い可能性が直感的に見出された。

正直なところ、かなり怯んだ。ガブリとやられたら、ひどい状態になるに違いない。だが、だからこそやらねばならない。ここで日和っていては、いずれ出版する本に「咬まれると激しく痛む」などとぼんやりしたことを書く羽目になるからだ。

意を決して再び手の甲を近づけると、今度はしっかりと咬みついた！　まるでマッチの燃えさしを押しつけられたような、ハチともクモとも異なる痛みが左手の皮膚に、続いて肉に走る。これまで小さなトビズムカデたちを相手にしていて気づかなかった「痛みの個性」が、はっきりした輪郭をともなって浮かび上がる。咬まれた直後に「ああっ、これはマズイな……」と後悔する気持ちが半分。

「利き手を咬ませなくてよかった！」と安堵する気持ちが半分、胸に湧いた。

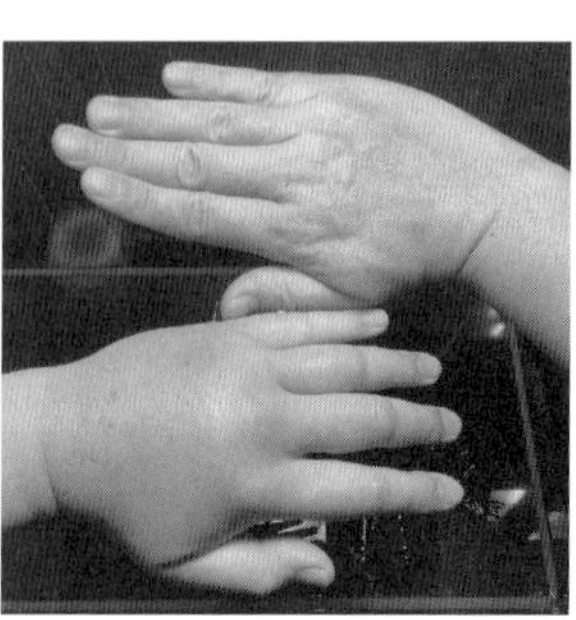
腫れ上がった左手（下）。右手（上）と比べるとその差は歴然。赤ん坊の手のようにパンパンだ。

残念ながらこの直感は的中し、3分もすると痛みは手の甲から腕全体へ、ついには腋窩リンパ節へおよんだ。さらに2時間、3時間と経つうちに左手はみるみる腫れ上がっていく。膨れた肉でパツパツに張った手にはシワのひとつもなく、まるでクリームパンのよう。皮がつっぱるせいで、拳を握ることすらできなくなってしまった。おかげで、2日間はハンドル操作ができず、車の運転を自粛する羽目になった。

連日、膨れた手を眺めながら「中学のとき股間を咬まれたのが、沖縄のトビズムカデじゃなくて本当によかった……」とあらためて深く安堵したのはいうまでもない。

その後、咬まれて1週間もしたところでほぼ完治したのだが、本土のトビズムカデとは比較にならない重症だった。分類学的に同一あるいはごく近しいものとして扱われる存在であったとしても、医学的な面ではその限りではないと思われるいい例だろう。もちろん、沖縄本島以外の島に産するものとではまた症状が異なる可能性もある。だが、少なくとも沖縄の森で大きなムカデを見つけた際は、十二分に注意されるのがよかろう。

ただし沖縄にはもう1種、ムカデの話をする上で決して無視できない超大型種が生息している。先述の通り、「南西諸島のトビズムカデ」は日本本土でぶっちぎりの最大種であるトビズムカデを遥かに凌ぐ体格をもつ。だが、沖縄本島北部の山林、通称「やんばる」にひっそりと暮らすそのムカデは、それすらもかわいく見えてしまう全長20cmを超える巨体の持ち主なのだ。

そう。正真正銘「日本最大のムカデ」である。

リュウジンオオムカデ

個性てんこ盛りの高貴なムカデ

ヘビのような巨体に翡翠色の脚が美しいリュウジンオオムカデ。しかも泳げる！ カニを捕らえて食う！ 何もかもがかっこいい！

そのムカデは大きいばかりが取り柄ではない。彼らはなんと「水中を自在に泳ぎ」、「サワガニを捕らえてはバリバリと食べ」、「翡翠色の脚をもつ」、「2021年に新種として記載されたばかりの」、「日本最大のムカデ」なのだ。キャラクターづけが渋滞を起こしている。すべて事実なのだが、にわかには存在を信じがたい。まるでファンタジーに登場する生物だ。

さらには「リュウジンオオムカデ」と名付けられ、世界へと発表されたのだから完全に積載オーバーだ。名前にまでも強烈な個性を付与されてしまった。

彼らが暮らす「やんばる」では、ヤンバルクイナをはじめとする新種の動植物たちがここ数十年のうちに続々と発見されている。その特異な生態系ゆえ、2021年にユネスコ世界自然遺産への登録が決定されたことでも記憶に新しい。リュウジンオオムカデほど個性的で大型の節足動物が未知のままで保存されるのは、日本国内ではレアケース中のレアケースである。だが、この原生林においての話ならば納得がいく。やんばるとは、それほど器の大きな環境なのだ。

とはいえ、このムカデの存在自体はやんばるに親しんだ人々の間では以前から知られていた。地元の方はトビズムカデとひとまとめにして「ハブムカデ」と呼び、多少なりともアカデミックな視点を備えた生物愛好家らは「ヤンバルオオムカデ」と通称していたのだ。

その噂は当時、沖縄の大学へ進学した僕の耳にも飛び込んできていた。もちろん、強く興味をひかれた。その姿を拝むべく、自動車を所有している友人たちにせがんでは何度もやんばるへ出向いたものだった。やんばるの沢は豊かで、行くたびにさまざまな珍しい生物と出会うことができた。やんばるの固有種であり、天然記念物でもあるオキナワイシカワガエルやナミエガエル。それを狙って這い寄るヒメハブたち。丸太のように太いオオウナギ。川へ飛び込むリュウキュウアカショウビン……。さらにはやんばるの顔役であるヤンバルクイナに出会うことすらあった。

だが、本命である翡翠色の大ムカデにはついぞ出会うことができなかった。今考えると、次々と現れるほかの生物たちに気を取られていたのだろう。ひとえにムカデに対する真摯さが欠けていたわけだ。

そこから16年後、ついに新種として立派な名がついたというニュースを聞くにつけ、「いよいよ見ておかねば！」とあらためて奮起した。5月のある日、原稿をまとめて片づけた僕は数日分の食料を車に積み込んでやんばるへと向かった。リュウジンオオムカデを発見できるまでは家にも帰らぬ構えである。これだけの気合いで臨まねば、きっと出会える相手ではないのだ。

ところが、運命とはいたずらなものだ。なんとその日の晩に見つけてしまった。

しかも、十数年の間に何度となく通っていた沢で、である。唐突すぎて叫ぶ間もなかった。ライトに照らされたムカデは大慌てで水際を走りはじめた。これでは例の潜水遊泳能力を駆使され、水中に逃げ込まれてしまうだろう。迷うことなく夢中で駆け寄り、素手でムカデの頭を押さえた。たかが「虫」とは思えないすさまじい抵抗を手のひらに感じた。

なるほど、話に聞くより写真で見るより、遥かに迫力と美しさにあふれた虫だった。特に、21対もの脚はその一本一本が本物の翡翠でできているような、高貴さをたたえた色彩である。

かつての苦労はなんだったのかと釈然としない気持ちはある。だが、その色を見つめた瞬間、ひとつの夢が叶った清々しい思いがした。しかし、ここでは終われない。またとない機会である。このムカデをとことん知らなければもったいない。

リュウジンオオムカデの頭から手を離し、そっと腕に乗せてみる。意外にも、ムカデの方から咬みつくようなそぶりは見せない。腕や肩、背中をシャツ越しに歩き回るばかりで、威嚇することすらない。見た目に似合わず臆病者らしい。

仕方がないので、また左手でむんずと胴体をつかむ。ただし今度は頭部を自由にしてやる。こうなると、さすがに黙ってはいない。リュウジン様は頭をもたげて、左手の甲や指をガジガジと咬んでくださった。

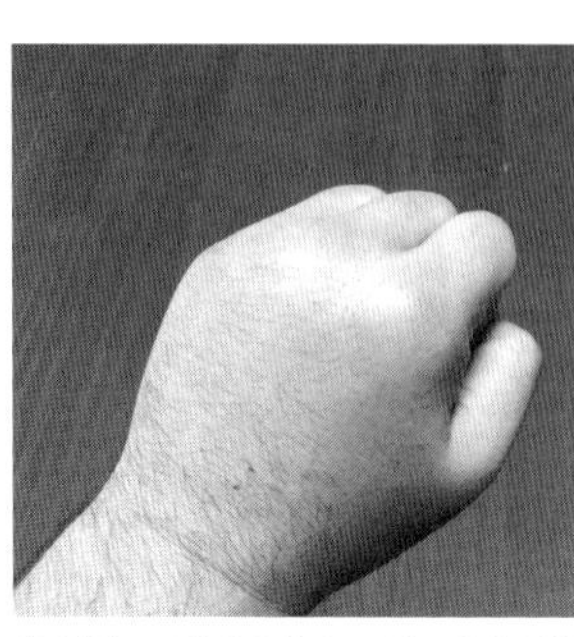
毒が回ってドラえもんの手のように腫れてしまった……。だが、それでもハブムカデと比べれば遥かに軽症だ。

気になる症状だが、多少腫れるしそれなりに痛みはするものの、半日もすれば痛みはほぼひき、思いのほかたいしたことはなかった。本土産のトビズムカデと同等か、むしろ軽い。ハブムカデと比べてしまうと足元にも及ばないだろう。

その巨軀とサワガニを捕らえる荒技ぶりからすると毒性が釣り合っていないようにも思えるが、体が大きいということは膂力(りょりょく)にも長けているということ。サワガニくらい力任せにねじ伏せられるし、そもそも毒をもって迎え討つような天敵も少ないのかもしれない、と想像した。あるいは、トビズムカデたちは獲物が昆虫から爬虫類、両生類、果ては小型の哺乳類にまでおよぶため、脊椎動物に効果的な毒を身につけているとも考えられる。いずれにせよ、虫の毒性は外見からは判断できないということだ。

そんなことをグルグル考えながら、リュウジンオオムカデを沢へ放した。彼はこちらを一瞥することもなく。夜の闇へと消えていった。それからわずか2カ月後の2021年7月、本種は環境省が定める「種の保存法」に基づく緊急指定種として、捕獲や殺傷などの行為が規制された。つまり、もう二度とあのようなセルフ人体実験はできないのだ。滑り込みで咬まれておいてよかった。

ひょっとすると、この僕がリュウジンオオムカデに合法的に咬まれた（？）最後の人類になるやもしれない。

トビズムカデ＆ハブムカデ

ほぼ原寸

生息地域：北海道、本州、
　　　　　四国、九州、沖縄
食性：昆虫やネズミ等
体長：80 〜 200mm

※ハブムカデは南西諸島産の大型化する個体群の通称

偏愛ポイント❶
大きい！
毒性が強い！
気性が荒い！

偏愛ポイント❷
ムカデらしい怖さと美しさが揃っている

偏愛ポイント❸
オリーブ色の体も渋いんだぜ

リュウジンオオムカデ

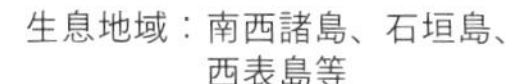

生息地域：南西諸島、石垣島、
西表島等
食性：甲殻類等
体長：約 200mm

偏愛ポイント❶
2021 年に新種として記載された日本最大のムカデ

偏愛ポイント❷
脚が翡翠色！最高！

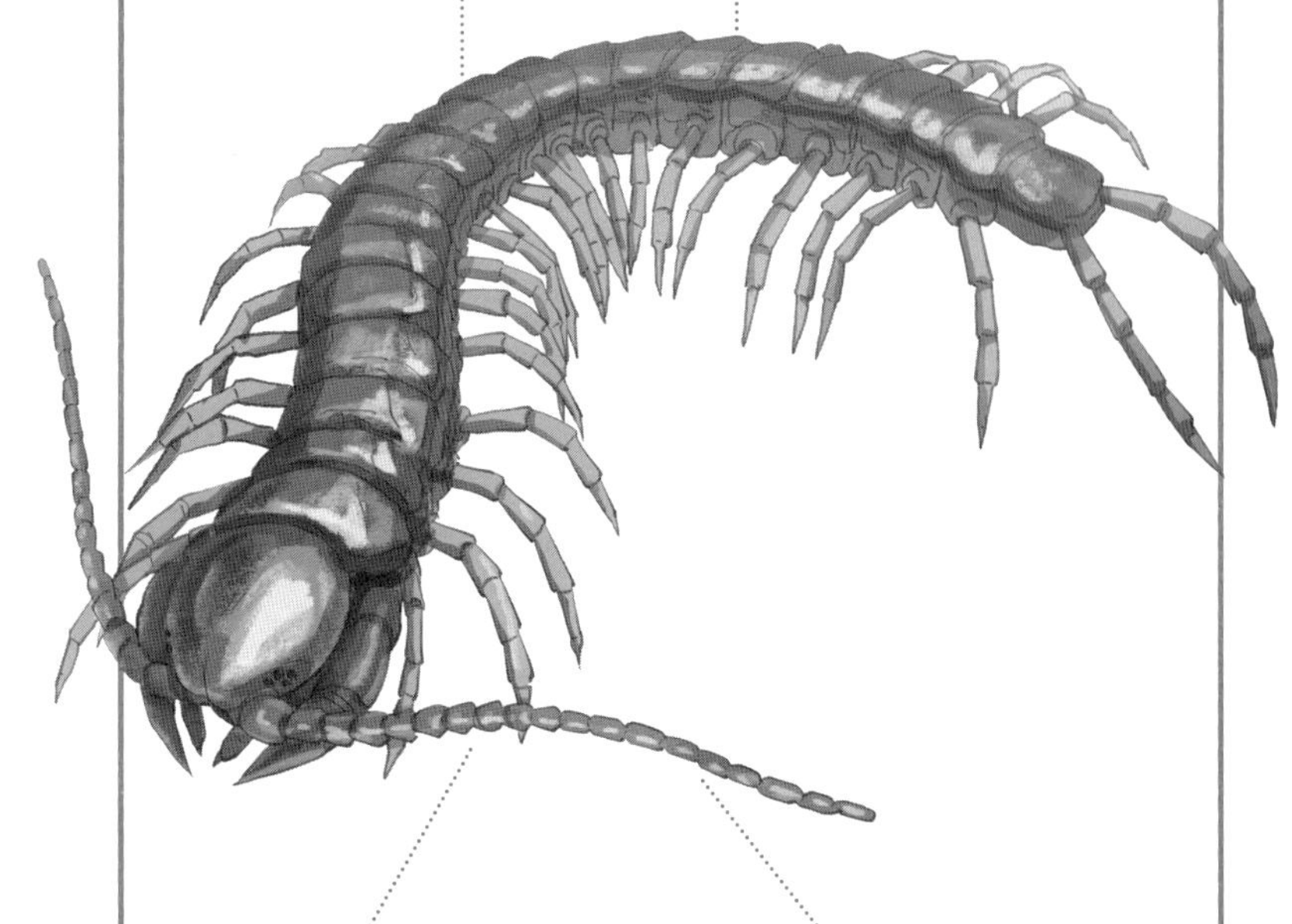

偏愛ポイント❸
体色は地味ながらその迫力と存在感はかなりのもの

偏愛ポイント❹
なんと水陸両用！
しかもサワガニを捕食する！

サソリ編

僕は幼少の頃、親から与えられた昆虫図鑑をバイブルとして日々眺めていた。

児童向けの昆虫図鑑というものは、今も昔もそうだが、各種昆虫を紹介し終えた巻末付近に「昆虫ではない虫」を特集するページがある。クモやムカデ、ダンゴムシから、ときにはカタツムリやナメクジなど「広義の『虫』」として扱われるが、分類学上の『昆虫』には当てはまらない小動物」をひと通り載せたページである。

こうしたページに掲載される虫たちの品揃えは、各分類群ごとに1、2種類ずつと広く浅い。だが、それはそれで詰め合わせ的なお得感、選抜オールスター感があり、個人的にはなかなか気に入っていたのだった。

ところで、その図鑑は日本産の虫中心に掲載しており、チョイスされる「昆虫ではない虫」たちもコガネグモ、オカダンゴムシ、シマミミズなど、なんとなく馴染み深いものが多かった。

だが、明らかに「浮いている」ものたちがいた。サソリである。しかも2種類。

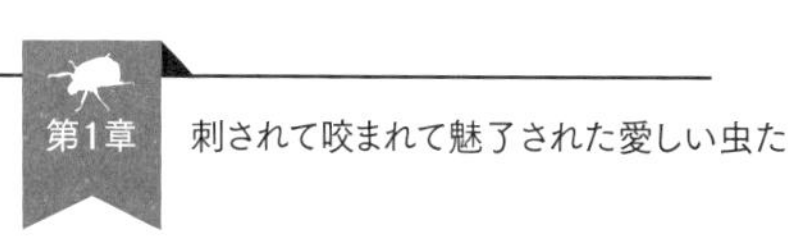

子ども心にビリリと感じるエキゾチックさ。図鑑のイラストが砂漠の熱波を、密林の湿度を放っている。ここに並んでいるということは、彼らは日本に生息しているということである。名はヤエヤマサソリとマダラサソリ。和風な名だ。そしてたしかに、解説には「分布……八重山」とある。

「この八重山というところへ行けば、日本にいながらサソリを見られる！」

虫好き少年の心が躍らぬわけがない。さっそく両親に「八重山に行きたい。八重山とはどこだ」と訊ねてみた。が、「飛行機に乗らなければ行けない南の島だ」と返されて意気消沈してしまった。

飛行機って……。それはもはや外国ではないか。そりゃ行けない。八重山とやらの位置取りは路線バスで行ける範囲、もしくはせめてJR九州の管轄内でお願いしたかった。

サソリに限ったことではない。図鑑を眺めていて「この虫を見たい、捕まえたい！」と思ったらば、ことごとく「分布は沖縄！　八重山！」と返される虚脱感。憎い、憎い。憎いやつ。

こういうわけで、僕は幼少の一時期、図鑑で見かける沖縄、八重山、奄美、それから対馬あたりの地名に対してアレルギー反応を示していた。だってずるくない？　その辺の島にばっかり珍しい生き物がいるとかさ。

本土を基準に考えた場合、馴染みの薄い珍品たちは北海道や南西諸島といった遠地に偏って分布する。これは至極当然なことなのだが、わかっちゃいれどどうにも悔しい。

その後、大人になってからは沖縄に住みつくことになるのだが、その決断の礎にはあのとき歯噛みし続けた反動が大きく影響しているように思う。

ヤエヤマサソリ

指の先サイズの刺さない(!?)サソリ

日本に生息するサソリその①、ヤエヤマサソリ。姿形こそ立派にサソリだが、大きさは指先ほどしかない。果たしてその危険性は!?

ひとつ目の夢は大学生のある夏、野外実習で訪れた西表島で叶った。この島を含む八重山諸島には先述のヤエヤマサソリとマダラサソリの2種がそろって分布している。となれば、実習の合間に探さない手はない。

だが、当時はそれらのサソリがどういった環境に生息しているのかをまったく知らなかった。そのため、捜索は困難を極めた。この手の虫は物陰に隠れているものだろうと考え、宿泊施設周辺に転がる石やコンクリートブロックなどを手当たり次第にひっくり返してまわった。何十個もの石の下を念入りに探せば、1匹や2匹は見つかるに違いない。

……と思いきや、見つからないんだなぁ、それが。

余暇の時間をほとんどすべて石起こしに捧げたが、一向に姿を見せないサソリたち。何かが間違っているらしい。しかも夏の西表島は日差しが強烈で、そんな炎天下で重い石を持ち上げるなんて力仕事をしていると暑くて暑くてたまらない。さらには石までアツアツに焼けているのだから、過酷さに拍車がかかる。

待てよ？　そもそも、石自体がこんなに熱くなるのなら、その下に隠れるなど自ら蒸し焼きになりにいくようなものだ。ならばサソリも、涼しい場所を選ぶのではないか。そこで、木陰に放置されたベニヤ板と植木鉢を持ち上げると、目論み通り2匹のサソリが転がり出てきたのだった！

ただ、コレがものすごく小さく、指の先ほどしかない。しかも茶色く薄い体は、ともすると樹皮や落ち葉の破片に見間違えそうだ。ここがコンクリートに覆われた人里だったから気づけたものの、もし森の中で遭遇していたら、まんまと見落としていたかもしれない。

感想としては、地味。とにかく地味、サソリなのに地味!!　この地味さはあらゆる面でサソリ界きっての控えめさんこと「ヤエヤマサソリ」以外の何者でもない。よし、20年近く時を経て国産二大サソリの片割れをゲットだ！

ヤエヤマサソリは尾を伸ばしても3㎝ほどしかない小型のサソリで、体つきは平たく、脚は短い。さらに、その貧弱な体格に見合わない2本の大きなハサミをもつ。一方で尾はやけに細く短く、その先端の毒針はケシ粒のように小さい。まさに申し訳程度の護身具、といったたたずまいである。フロントヘビー気味で小粒なシルエットがかわいい虫であると感じた。

さて、この指先サイズのヤエヤマサソリが人生初のサソリ捕獲であったので、この時分ではさほどサ

たくましい胴体やハサミに比べて尾は細く短く、ひどく貧弱。その上、肝心の毒針はゴマ粒より小さい……。

ソリという虫を見慣れていたわけではない。だが、これほどの小ささはサソリ素人たる僕の目にも明らかに異様だ。こんなに貧弱な毒針で、果たして外敵を撃退できるのだろうか？

ふと思いついて、素手でヤエヤマサソリをつまみ上げてみる。すると、サソリは必死に逃げようと指の間でもがくばかりで、攻撃するそぶりはなかなか見せない。それでも放さないでいると、やがて大きなハサミでグイグイと指を押しのけようとしたり、はさもうとしたり（小さすぎて指の腹すらはさめなかったが……）し渋るねぇ～！

と抵抗を見せはじめた。しかし、肝心の毒針は尾を豚のようにチョロリと巻いて収納の構えである。出し渋るねぇ～！

これは毒針を使ってもらうまで解放するわけにはいかないな。というわけでなおもしつこくつまみ続けていると、ついにその巻いた尾をグイと前方へもたげた！　よく見る「サソリが刺すときのポーズ」だ！　さすがにこの姿勢をとられると緊張が走る。と、次の瞬間、ついに毒針が指先へと突き立てられた!!

だが、痛みはない。というか、刺さっていない。

指の腹では皮膚が厚すぎて、この弱々しく小さな毒針では貫通できないらしい。なるほど、なかなか刺そうとしない理由がわかった。彼女たちは自分の毒針に自信がないのだ。どうせ役に立たないとわかっているから、まず逃走を図り、それがかなわなかったので、毒針よりはまだマシな攻撃力をもつハサミを使ったパワーファイトに持ち込んだわけだ。

ここではヤエヤマサソリを人里の、しかも人工物の下から見つけ出したが、実のところこれは特殊な例である。ふつうは森林に倒れた枯れ木の樹皮下など、セキュリティが確保されたシェルター的な住環境に身を置いている。そうした場所に天敵が侵入してきた場合、大きな毒針を備えた長い尾をふるうのは難しい。ならば、と毒針ごと尾を退化させて、代わりに強大なハサミを得たのかもしれない。

また、彼女らの主食はシロアリなどのごく小さな虫であり、力強いハサミがあれば毒針はか弱いものでも捕獲に事足りるのだろう。僕はあのアンバランスな体つきをこのように考察した。

なお、さきほどから彼女、彼女と雌であることが前提の表現をしているが、ヤエヤマサソリはそのほとんどすべてが雌なのだ。こと西表島のものに関しては、雄がまったく存在しないとされる。つまり彼女らは雄との生殖行動を必要とせず、その身ひとつで妊娠して子を産むのだ（こうした繁殖形態を「単為生殖」という）。

世界に1700種以上もいるとされるサソリの中でも、単為生殖を行うものはほんの数種だというから世界的に見てもつくづく異端なサソリである。

ところで、本当にヤエヤマサソリは人間を刺すことができないのだろうか？

さきほど毒針を弾いてみせた指の腹は、人体の中でも特に皮膚が厚い箇所である。他の部位ならばあるいはその毒針を突き立て、サソリ族の端くれとして名誉を挽回できるかもしれない。というわけで、手の甲や二の腕、耳たぶや鼻などさまざまな部位へ彼女を押し当ててみた。

しかし、いっこうに刺さない。刺せない。刺さらない。だめだ！

この毒針では箇所に限らず人間の皮膚は貫けない。では皮膚より薄い粘膜ならどうだ！と、口内へ押し当ててみるが、ウゾウゾと暴れて抵抗する感覚はあるものの、毒を撃ち込まれることはついぞなかった。

……完敗である。

全力をもって刺されにいったのに、ひと刺しもしてもらえなかったのだ。これはとんでもないことではないか。「サソリとは毒虫である」という方程式が綻んでしまった。

人間に対していっさい無害なサソリが存在する。これは当時の僕にとってたいへんセンセーショナルな事実として胸に刻まれたのだった。

なおその後、何度も八重山へ通ううち、ヤエヤマサソリを見つけるのにもすっかり慣れた。あのときあれだけ苦労したのがうそのように、もののついでに見つけてはつまみ上げるのが習慣となった。いつか不意に、何かの間違いで僕の手を刺してくれる日がくるのではと、心の奥で期待してしまっているのかもしれない。

マダラサソリ

日本最強のサソリ……？

日本に生息するサソリ②、マダラサソリ。ヤエヤマサソリよりはいくらか大柄だが、その毒針は人間にも通じるものなのか？

ヤエヤマサソリを捕らえたとなれば、次はもう1種の「マダラサソリ」を狙う番だ。

西表島では人里周辺や山林でその姿を探してみたが、見つかるのはヤエヤマサソリばかりで、ついぞ姿を見せてはくれなかった。どうやら、これら2種のサソリたちは、それぞれまったく異なる環境を好むらしい。

サソリという虫は世界各地の熱帯・亜熱帯域に分布するが、その生息環境は多湿な熱帯雨林内から乾燥しきった砂漠まで、種によってさまざまである。ヤエヤマサソリは湿気の多い森林内を好む。ならば、一方のマダラサソリは逆に乾燥した環境を好むのではないか。

というのも、石垣島に暮らす人から「マダラサソリは家屋内に出現することがある」と聞いていたからだ。沖縄に見られる昔ながらの家屋は木造住宅で、外壁は木壁だが、継ぎ目にわずかな隙間がある。この風通しがよくカラッとした環境をマダラサソリたちは好むのだろう。つまり、住まいの好みが人間と似ているのだ。とはいえ、人の家にズカズカ上がり込むわけにもいかないが。

屋外で人間が快適に過ごせる湿度の低い環境は、高温多湿になりがちな南の島においてはそう選択肢が多くない。生物たちにとって、もっとも過酷な季節である真夏の暑い盛り。そんなときでも人が行きたがる場所。そう、ビーチだ。

常に潮風が吹きつけ涼しい木陰のある、海岸林に沿った砂浜へ向かった。海岸林には点々と、枯れた倒木が目につく。白く朽ちた木は水分を含まず、軽々と持ち上がる。特に虫食いが目立つものを抱え上げるように砂から起こすと、ミルフィーユのようにスカスカに食い荒らされた隙間に、ヤモリと寄り添う見慣れない虫の姿があった。

「マダラサソリだ！」

尾を伸ばすと5cmほどだろうか。ヤエヤマサソリと比べると、かなり立派でサソリらしい姿をしている。体つきもヤエヤマサソリとは正反対で、ハサミは細くピンセットを思わせる形状をしており、攻撃力は皆無とみえる。ところが尻尾とその先の毒針は比べ物にならないほど立派で、ある種の禍々しさを感じる。

かわいらしいヤエヤマサソリに対して、こちらはスマートでクールな印象だ。マダラサソリという名の通り、明るい淡褐色の体には黒い斑点がちりばめられている。これは乾いた枯れ木に擬態するための模様であろう。毒のある虫というと、スズメバチに代表されるような派手な色彩で己の危険性を喧伝する「警戒色」のイメージが強い。だが、サソリはいずれも自身の生活環境に溶け込んで敵の目を欺く「保護色」を身に纏う戦略をとっているのだ。

さあ、無事に見つかったマダラサソリだが、問題はこれから。毒針で刺してもらわなきゃ。

さっそくつまみ上げるが、こちらもヤエヤマサソリに負けず臆病らしい。刺す、はさむの前にまずはジタバタと暴れて逃げ出そうとする。もし猛毒の針をもっているとしたら、ためらうことなくひと刺しキメてから逃げればいいはずだろう。これは……威力の程がやや怪しいぞ。自信なげにみえてしまう。

さらに指先でやさしくこねるようにいじり回していると、やがて尻尾をふりかざした。そして腹部をのけぞらせ、背面越しに毒針を前方へ伸ばし……皮膚へ突き立てた！

長く太い尾の先には鋭い毒針が！人間の皮膚を貫くには十分な力強さだが……その毒性やいかに!?

だが、なかなか刺さらない。やはり、指先など皮にいくらか厚みのある部位は刺せないらしい。

面白いのはそこからで、刺せないと悟るや、そのまま手探りしているように毒針をあちこちへ手当たり次第に突き立てる動作をはじめたのだ。まるで落とした眼鏡を探す人のような動きである。毒を打ち込もうと必死の挙動のはずだが、なんだかかわいらしい。

やがて指の甲、皮膚の薄いところへ毒針が伸びて……「チクッ！」と鋭い痛みが走る。

しかしミツバチに刺されたときよりもはるかに軽度なものだ。患部はほんのり赤くなるが、カによる虫刺されよりも目立たない。さらに、その赤みも痛みも1時間もすると消えてしまうのだった。いやー、なんというかこう、ショボい。

もちろん体質によって症状は違うだろうが、少なくとも激しい苦痛を感じる事態に陥ることはほとんどなさそうだ。実際、八重山ではマダラサソリによる被害はしばしば発生するものの、これまで治療を要するような重い症状が確認されたことはないようだ。もちろん、アナフィラキシーショックの危険性はあるので、決して真似しないでいただきたいが。

とはいえ、ちゃんと皮下へ毒針を刺せただけでも、ちゃんと人間に毒の痛みを体感させただけでも、ヤエヤマサソリには圧勝である。よって、このマダラサソリこそが「日本一危険な毒をもつ最強サソリ」ということになる。

いやー怖いなー。恐ろしいなー。僕、これから八重山へ行くたびに怯えちゃうなー。

というわけで、日本産のサソリたちは実質ほぼ無害だといっていいほどの「ゆるキャラ」であった。海外の毒性が強いサソリにもときめきを感じるが、こういう控えめなサソリたちも、これはこれでかわいらしいものである。

サソリモドキ

サソリに似ているようで似ていない奇怪な虫、サソリモドキ。毒針こそもたないが、それに勝るとも劣らぬ強烈な攻撃能力を有する。

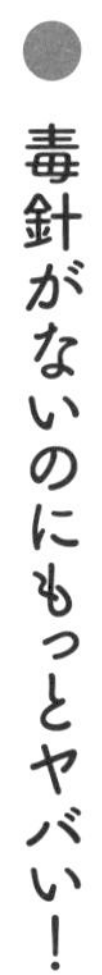

毒針がないのにもっとヤバい！

日本のサソリを語る上では「裏番長」的な存在にも触れておかねばならない。サソリのようでサソリではない、けれどその奇異さとカッコよさ、そして攻撃能力においてサソリに勝るとも劣らない虫……。その名も「サソリモドキ」である。

サソリモドキは、分類学上はサソリから縁遠い虫で、むしろクモに近いとされている。そして、名にモドキとつくわりには、やたらと脚は長いし腰はくびれているし、そこまでサソリに似てもいない。似ているところを挙げるとすれば、ハサミ状の前肢と長い尾をもつことだろうか。ただし、尾はサソリと違ってアンテナのように細長く、先端に毒針はない。これはおそらく、後方の様子を察知するセンサーのような役割を担う器官なのだろう。なお、

尾部とハサミを振り上げて威嚇の姿勢をとるタイワンサソリモドキ。こうなったら距離をとるべし。マジで。

サソリモドキは日本に2種、奄美諸島などに分布するアマミサソリモドキと、八重山諸島に生息するタイワンサソリモドキとが生息している。

タイワンサソリモドキについては、西表島でヤエヤマサソリを探している際に幾度となく遭遇したものだった。薄暗い林の中で石や倒木を起こすと、かなりの高確率でこの虫が飛び出してくるのだ。

だが、マダラサソリやヤエヤマサソリと比べると圧倒的に大柄で、その存在感や迫力はクワガタやオサムシなど大型甲虫に近い。そんなわけで、フィールドで彼らとサソリを見間違えることはまずないだろう。

サソリモドキを刺激すると、ハサミと長い脚をふりかざし、腹部をのけぞらせて威嚇の態勢をとる。この状態の威圧感はなかなかのものである。だが、そこを指でつついても、ハサミで攻撃してきたり咬みついてきたりしない。ではあの威嚇は単なるハッタリだったのかというと、そうではない。

物理的な攻撃の代わりに、酢に似た強烈な臭いの毒霧を噴射してくるのだ。そのため、この虫は英語で「ビネガロン」とも呼ばれる。

この悪臭を嗅げば、たいていの敵は彼らを襲うのを諦めるだろう。このビネガーガスが頭にくるほど強烈で、臭いだけならまだしも、人間の目など粘膜に付着すると激しく痛むのだ。その威力たるや、マダラサソリの毒針ごときとは比べものにならない。

僕も西表島ではじめて出会った際には、悪臭の件を事前に知っていたのにもかかわらず、至近距離から顔面へガスを食らって悶絶したものだ。ダイレクトに吸い込んでしまったものだから、鼻腔が「ツン！」と激しく痛み、涙が延々と流れ続けた。

だが不思議なもので、決していい香りではないのに妙にクセになるのだ。その後も八重山や奄美で出会うたびに、臭いを嗅いでは同じ目に遭い、その都度後悔し続けている。

なおタイワンサソリモドキとアマミサソリモドキは外見だけで識別するのが困難なほどよく似た姿をしているが、ガスの臭いについても同様である。どちらも等しく激臭だ。

別に取り立てて危険な生物というわけではないが、少なくとも我が国においてはサソリよりもよほど、遭遇時の扱いには注意すべき虫といえるだろう。

東南アジアに広く分布するスイミングスコーピオン。一見すると弱毒のマダラサソリにそっくりだが……。刺されて心底から驚いた！

スイミングスコーピオン

キンキンに冷えたビールが熱くなる毒!?

日本ではごく限られた場所でしか出会えないサソリだが、海外ではその限りではない。温暖な地域であれば、さまざまな種類のサソリが、ふとした拍子に姿を見せてくれる。

僕がこれまでにもっともたくさん見かけたサソリは、中国や東南アジアに分布する「スイミングスコーピオン」というマダラサソリに似た小型のサソリだろう。タイやフィリピンあたりの国へ行く度に出会い、もう20回近く遭遇しているのではないか。

スイミングと名につくぐらいだから、水中生活を送るサソリを思い浮かべるかもしれないが、実際は違う。基本的には陸上生活で、ヤエヤマサソリやマダラサソリと同じように枯れ木や岩の隙間に潜んで暮らすのだが、彼らの住む地域には雨が降り続ける「雨季」がある。

雨季というのは、日本の梅雨のように生やさしいものではない。川や池の水位が大幅に上昇し、それまで陸地だった場所が水の底に沈むほど、大量の雨が延々と降り続けるのだ。となると、スイミングスコーピオンたちが暮らしていた枯れ木や岩が水没することもある。そういう緊急事態になると、彼らは泳いで陸地へ避難するのだ。とはいえ、ごく短距離をなんとか泳げるというだけの、最低限のスイミングスキルしかもち合わせていない。

ちなみに、よく似た虫の名前に「ウォータースコーピオン」というものがあるが、これは水生昆虫であるタイコウチ類の英名である。こちらの方が、水中生活者だけあって泳ぎはいくらか達者だ。

スイミングスコーピオンは人里から海岸、森の中までさまざまな場所に生息する、東南アジアでもっとも遭遇しやすいサソリである。だが、本種とはじめて出会ったときのことは今でも鮮明に覚えている。

インドネシアの森の中でのことだった。ツムギアリというアリの巣を探していると、立ち枯れした大きな木の樹皮がベロリと剥がれかけているのが目に入った。こういう樹皮の下には、たいてい何かしら面白いもの（ヤモリとかムカデとかダンゴムシとか……）が隠れているものだ。ウキウキしながら覗き込むと、平たい体をした虫が縮こまっているのが見えた。木の枝でかき出してみると、黒い斑点を散らした淡い褐色の体に、ピンセットのように細いハサミをもつ、見覚えのあるサソリだった。大きさは、尾を伸ばして5㎝くらいだろう。

「あれ？　マダラサソリだ」

たしかに、マダラサソリは世界中の熱帯・亜熱帯域のほとんどに分布しているというし、インドネシアにいるのはおかしなことではない。しかし、八重山では森の中で見つけたことは一度もない。インドネシアのマダラサソリは湿気もへっちゃらなのかな？　と不思議に思いながら、なんとなく右手でつまみ上げてみた。

すると、不意にヂガッ!!　と強烈な痛みが親指の腹に走った。神経へダイレクトに伝わるその痛みたるや、スズメバチ並み。おかしい、日本のマダラサソリとは威力がケタ違いだ！　同じ種類であっても地域によってこれほど毒性に差があるのか？

いや、そもそもマダラサソリの毒針は、皮の厚い指の腹を刺すことはできなかったはずだ。親指を左手で強く握って痛みをごまかしつつ、慌てて地面へ放り投げてしまったサソリを観察してみる。やはり西表島で捕まえたマダラサソリとそっくりだ。

しかし、よく見ると違う部分が1箇所だけあった。尾の太さだ。今目の前にいるサソリの尾は、明らかにマダラサソリよりもひとまわりほど太い。

「やべえ！　これ別種のサソリだ！」

他人の空似だったのだ。こうなると、一気に緊張感が走る。

よくよく調べてみると、このサソリはスイミングスコーピオンという種で、マダラサソリと同じくキョクトウサソリ科というグループに属することがわかった。そしてキョクトウサソリ科には、人を死に至ら

しめるほど毒性が強い種も存在するというではないか。まさか、コイツも超猛毒種……!? 不安が背筋を這い上がってくる。

恐怖から額に嫌な汗が出てきたが、10分ほど経っても指は超痛いものの呼吸困難や体の痺れなど重い症状は特に出ない。どうやら、ハチやムカデのように「痛いだけ」で終わってくれそうだ。「ふつうの毒」でよかった！　と、このときは思っていた。

刺されて30分もすると痛みはだいぶ和らぎ、日も暮れてきたので夕食をとろうとレストランへ入ったところで異変は起きた。

ドライアイスセンセーションの類似症状

なにせ暑い島国である。現地の海鮮料理と冷えたビールという定番の組み合わせを注文し、同行者たちと乾杯をかわす流れとなった。至福のひとときである。だが、ビールが注がれたグラスを持った瞬間、乾杯を宣言するより前に叫び声を上げてしまった。

「熱っつッ！」

まさかのひと言に同行者はポカンとしているが、こちらも動揺を隠せない。なにせ、キンキンに冷えているはずのビールが、煮えた土鍋のように熱いのだから。

なにかの間違いだろうと、もう一度そっとグラスに触れるが、やはり熱い。熱すぎてまともに握っていられないほどだ。不可思議な現象だが、考えられる原因は先ほど注入されたスイミングスコーピオンの毒しかない。

そこで、左手でグラスをつかんでみると、あら不思議。ちゃんと冷たいんです、はい。さらに、熱いスープ皿を右手で触ると、今度は冷たく感じる。左手だと、そうはならない。サソリに刺された右手にだけ、冷感と温感の逆転が起きている。つまり右手の神経が「バグっている」わけだ。

痛みのタイプからハチと同じヒスタミン系の毒だと推測していたが、どうやら神経に作用する毒も兼ね備えたサソリだったらしい。ちなみに、類似の症状は南洋の魚類が蓄える神経毒のシガトキシン（シガテラ毒）を摂取した際にも見られる症状（ドライアイスセンセーション）である。「こりゃ面白い！」と、食事中はずっとわざと右手で冷たいグラスと熱い皿とを交互に触って遊んでいた。

なお、この「右手のバグ」は一晩経つとすっかり消えており、なんだか魔法が解けてしまったようで少し寂しい思いがしたものだった。

ちなみに、スイミングスコーピオンとマダラサソリを尾の太さで識別したと述べたが、サソリの毒性については「尾が太いものほど危険である」という俗説がある。たしかに、これまでに登場したサソリ3種を並べてみても、体に対する尾の太さの順に毒性も強かった（スイミングスコーピオン＞マダラサソリ＞ヤエヤマサソリ）。

科学的な根拠は明確ではないものの、この傾向については一応の説明がつく。尾の先端に強力な毒針を備えているなら、外敵に襲われた際はハサミで応戦するよりも、その毒針でさっさと一撃してしまうのが安全で効率的だ。ならば、進化の過程でその毒針を素早く、縦横無尽に振り回せる強靱な尾＝太く

筋肉の詰まった尾をもち合わせるのは道理である。

その重さによって多少、逃げ足が遅くなったとしても、一撃必殺のスーパー護身具が手に入るのだから、お釣りがくるというものだ。これは食物の少ない砂漠や荒地で、見つけた獲物を確実に仕留めるという面でも役に立つ。逆に、毒針だけ強力でも尾が貧弱なら、いざというときにその威力を生かせず、せっかくの強毒を生成するコストが無駄になってしまうのである。

実際、中東などに生息する「オブトサソリ」やアフリカの「ファットテールスコーピオン」という名前の通りぶっとい尾をもつキョクトウサソリ科のサソリは極めて強い毒をもち、人を絶命させることすらある。サソリ界でも最強格に君臨するものたちだ。

なお、ここで紹介したサソリはいずれも全長数cmと小型のものばかりだが、世界にはなんと20cmにも達する大型の種も存在する。特に、西アフリカに生息する「ダイオウサソリ」は全身が漆黒に染まり、胴もハサミも丸々として太く立派である。見るものに極めてマッシブな印象を与える、サソリ界の大王格といったところだ。

いずれ、ファットテールスコーピオンらと併せて、このサソリも捕まえに行かなければなるまい。「最強」と「最大」を捕まえれば幼少時代に拗らせたサソリ欲も少しは落ち着くと思うのだ。

ヤエヤマサソリ

生息地域：八重山諸島、
東南アジア等
食性：昆虫等
体長：30 ～ 40mm

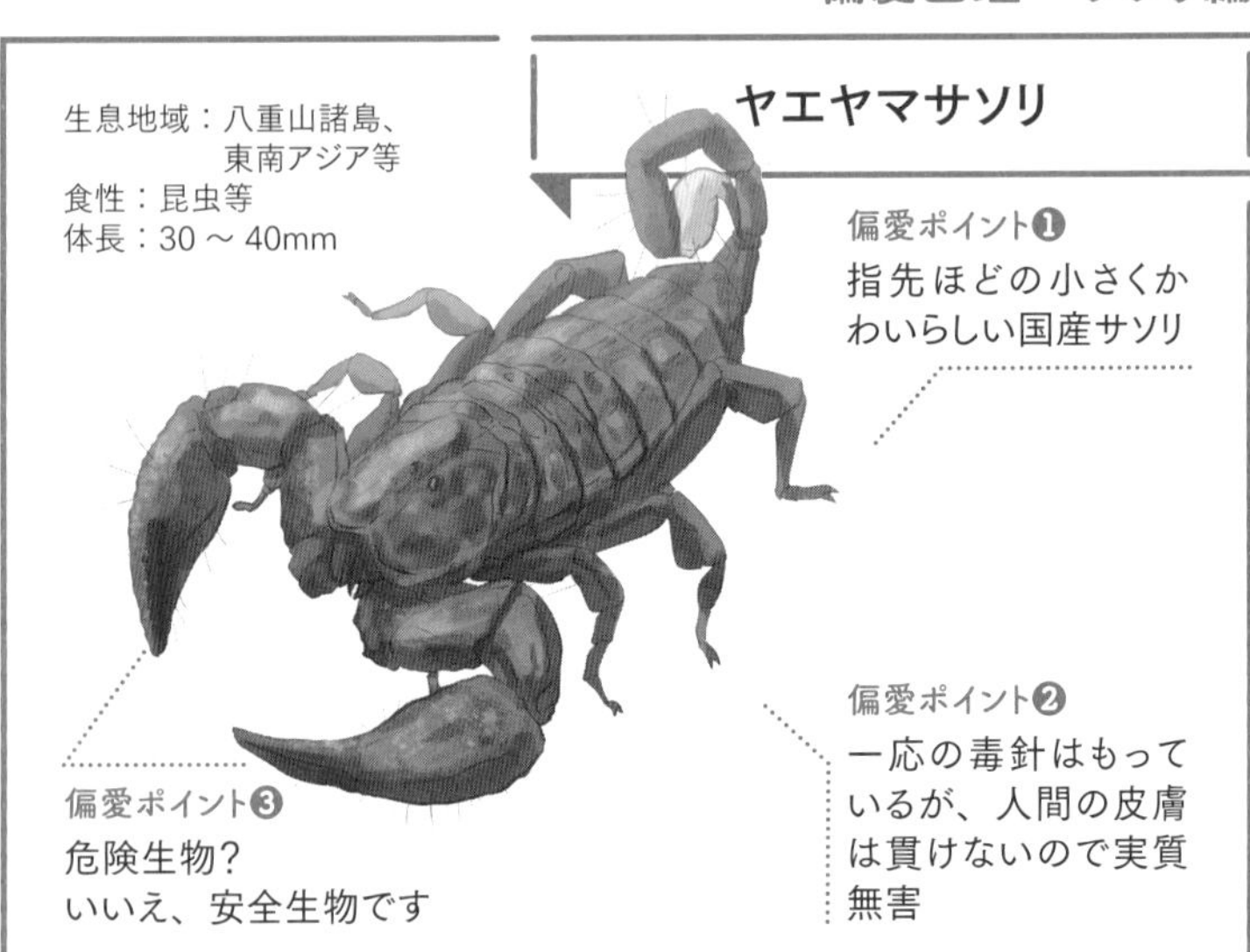

偏愛ポイント❶
指先ほどの小さくかわいらしい国産サソリ

偏愛ポイント❷
一応の毒針はもっているが、人間の皮膚は貫けないので実質無害

偏愛ポイント❸
危険生物？
いいえ、安全生物です

マダラサソリ

生息地域：八重山諸島、
世界の熱帯・
亜熱帯地域
食性：昆虫等
体長：40 ～ 70mm

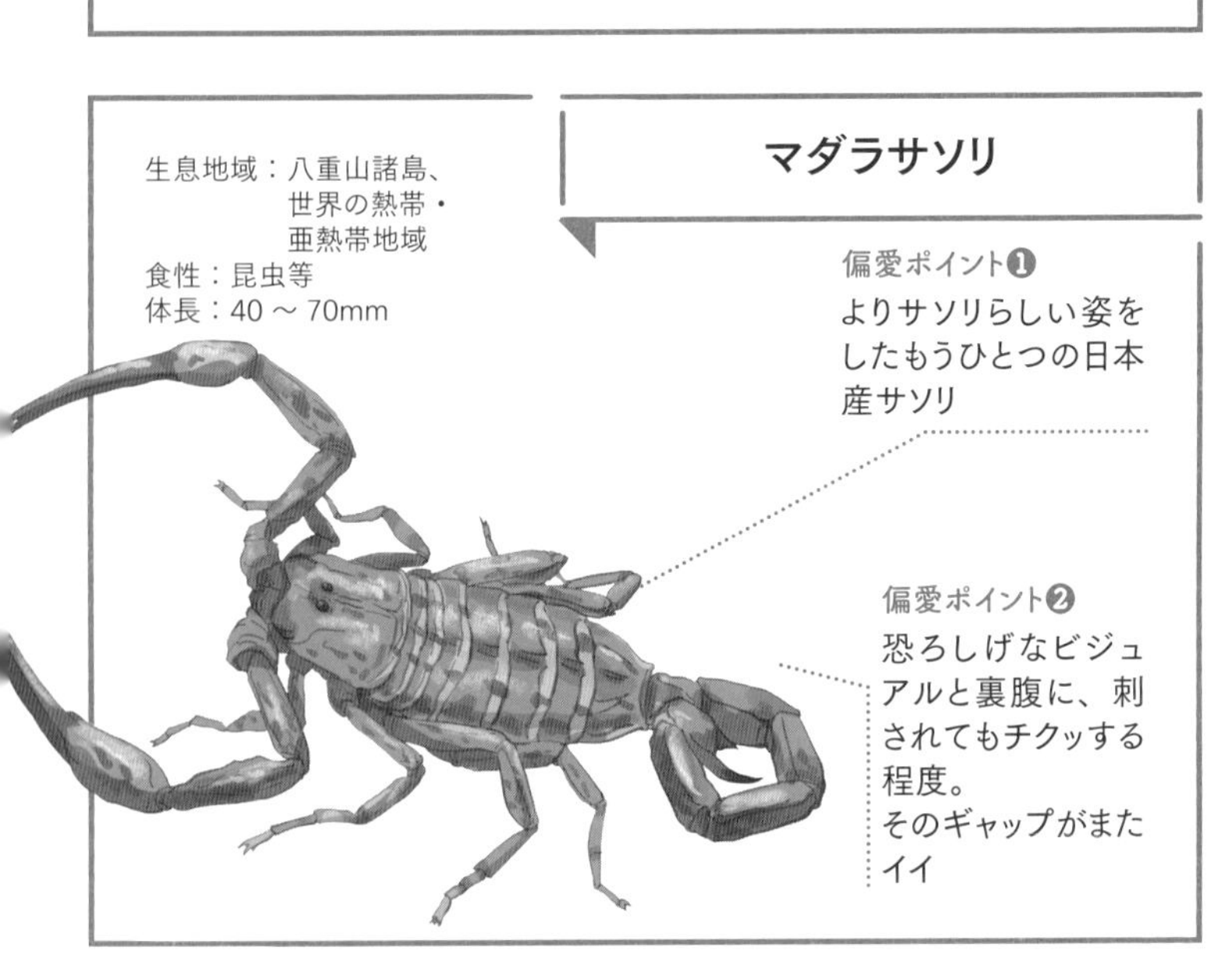

偏愛ポイント❶
よりサソリらしい姿をしたもうひとつの日本産サソリ

偏愛ポイント❷
恐ろしげなビジュアルと裏腹に、刺されてもチクッする程度。
そのギャップがまたイイ

タイワンサソリモドキ

生息地域：沖縄、台湾
食性：昆虫等
体長：30 ～ 50mm

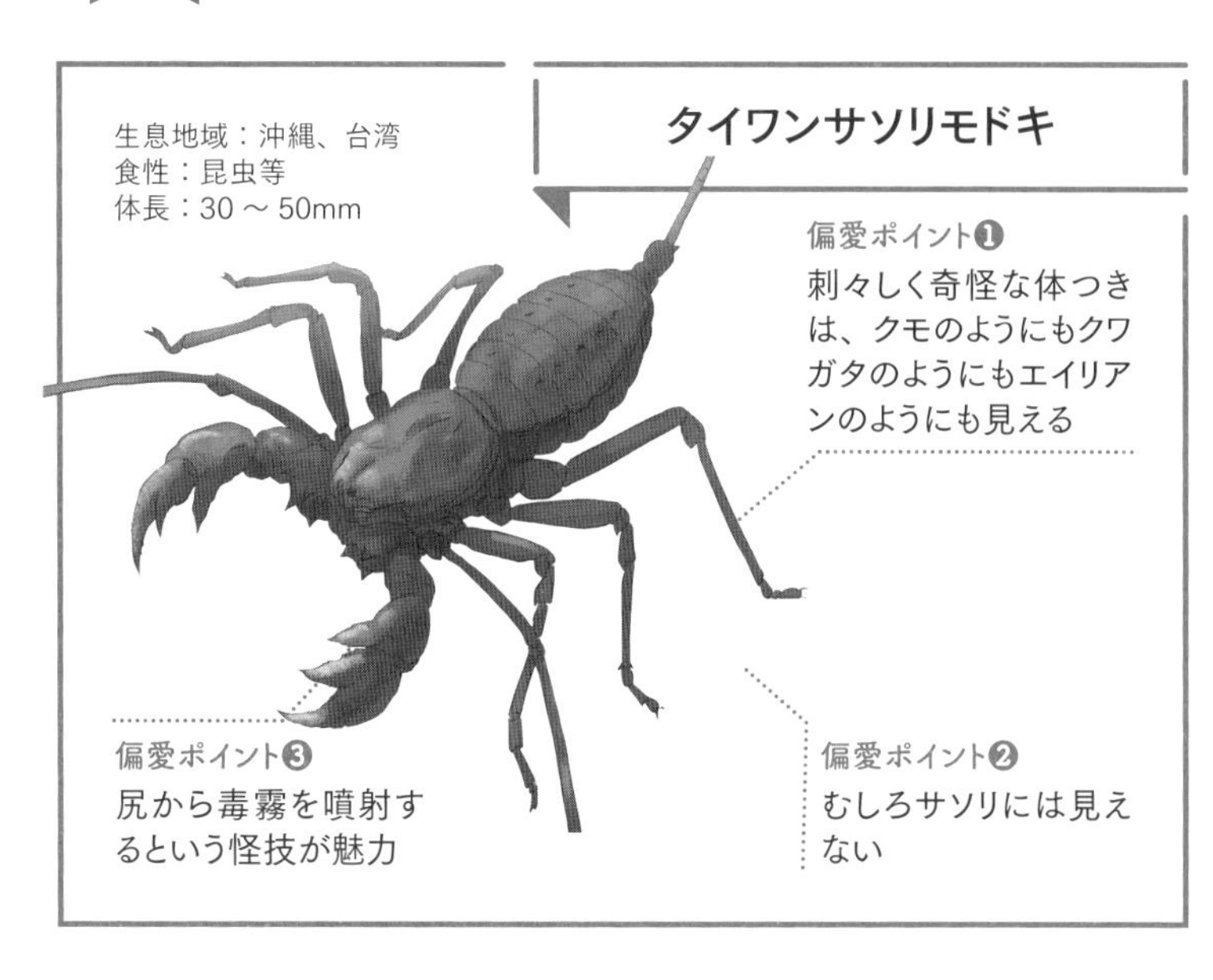

偏愛ポイント❶
刺々しく奇怪な体つきは、クモのようにもクワガタのようにもエイリアンのようにも見える

偏愛ポイント❷
むしろサソリには見えない

偏愛ポイント❸
尻から毒霧を噴射するという怪技が魅力

スイミングスコーピオン

生息地域：中国、東南アジア
食性：昆虫等
体長：40 ～ 65mm

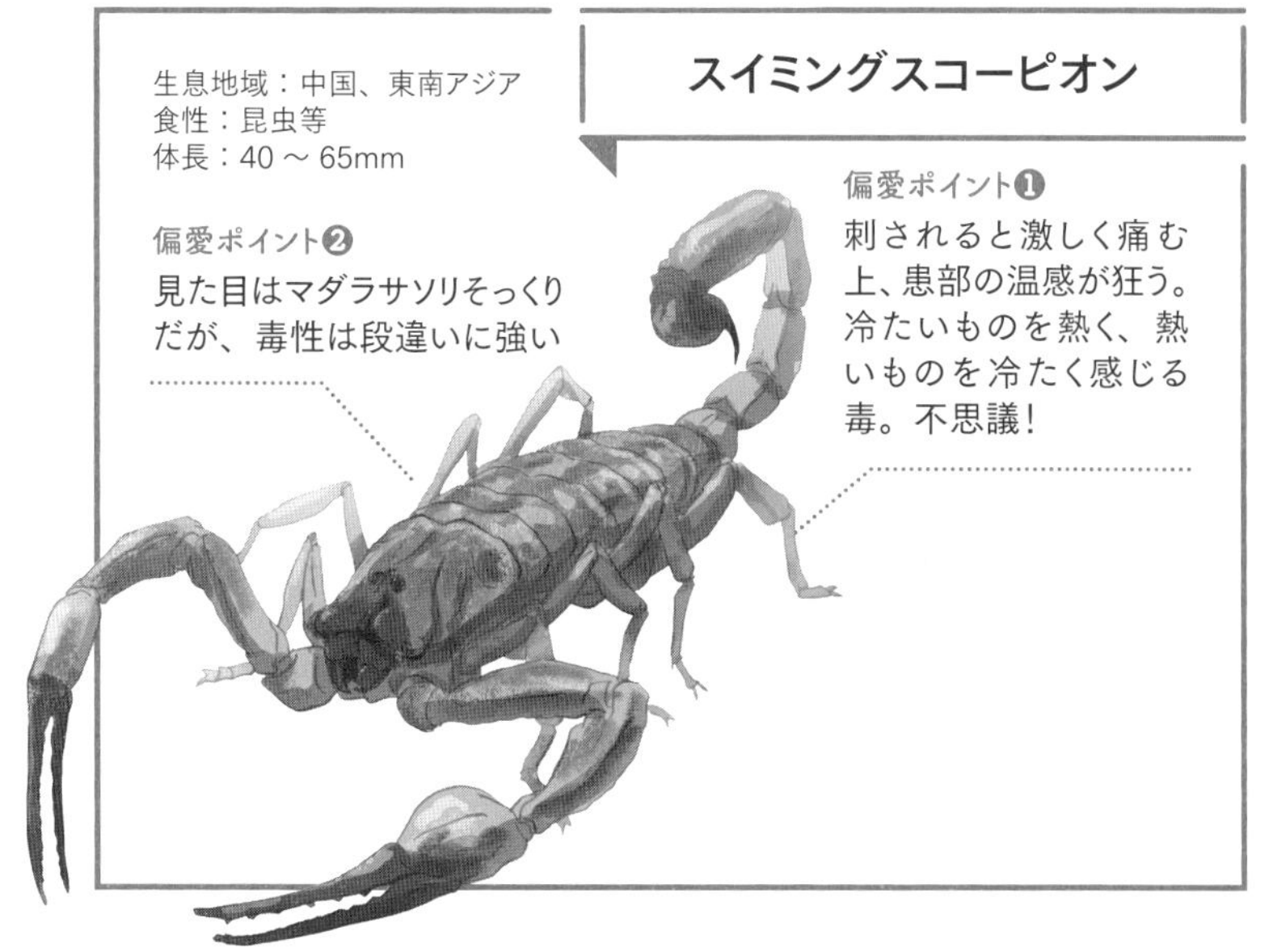

偏愛ポイント❶
刺されると激しく痛む上、患部の温感が狂う。冷たいものを熱く、熱いものを冷たく感じる毒。不思議！

偏愛ポイント❷
見た目はマダラサソリそっくりだが、毒性は段違いに強い

バッタ編

北海道生まれの人の中には、よその地域へ移り住むまで実物のゴキブリを見ることなく過ごす者がいる。ゴキブリは南方系の虫であるから、世界中のどこにでもいるようでいて寒冷地にはほとんど分布していないのだ。北海道だろうがアマゾンだろうが、本当に「どこにでも現れる」のはアリやハエ、それからバッタといった虫たちである。

いやいや。害虫、もとい、小さな隣人として人間の暮らしへ密接に関わるアリ、ハエはともかく、バッタは「どこにでも」はいないだろう。バッタといえば草を食べるわけだから、草原がなければ暮らせないはず。グラスホッパー（grasshopper）という英名からもそう読み取れる（「グラス（grass）＝草」）。

だが、実際のところは思いのほか融通がきくらしく、まともな草地や林のない都市部でもバッタの仲間たちはしたたかに生きている。むしろ、僕らがどれほど都会に生まれ暮らそうと、バッタに遭遇しない人生を送ることはほとんど不可能である。

それもそのはず。コオロギやキリギリスを含む「バッタ目」に分類される昆虫は、現在知られている

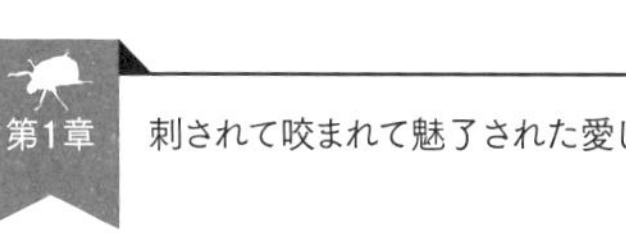

だけで世界に1万5000種以上が生息している。

この膨大なバリエーションには、荒野や洞穴といった食物が貧しい環境に適応した種も含まれている。そうしたものの中には、人工的な環境である市街地や屋内に進出できたものも少なからずいるのである。たとえば、「雑草のむしり残しといった」風情の小規模な草地さえあれば体の小さなオンブバッタは生きていけるし、夏秋には植え込みの奥から小型コオロギの歌声が聞こえてくる。点々と並ぶ街路樹の梢に響くけたたましい鳴き声はアオマツムシのものだし、古めかしい造りの家屋には当然のような顔をしてカマドウマ（通称：便所コオロギ）が居候している。日本の人里に限った場合でもこれだけバリエーションに富むのだから、世界に目を向けるとそれはもういろんなバッタがよりどりみどり。バッタとひと口にいっても、さまざまな姿形と生態のものがいるのだ。

ヒマラヤ水系の川辺で見かけるマキバネコロギスの一種は、すべての脚の長さがほぼ均等で、バッタというより蜘蛛のようなシルエットである。

アマゾンのジャングルにはトノサマバッタの総大将といった具合の岩石めいた質感の胸部をもつ赤茶色の巨大バッタがいる。しかし、人影に驚くと、普段は畳んでいる真っ赤な後翅を広げて飛翔し、こちらを驚かせる。あまりの変容ぶりから現地の人々は「チョウに変身するバッタ」という洒落た名で呼んでいた。

インドネシアのバリ島では背中が異様に膨らんだ、それこそ本体よりもその背負いもののほうがより体積を占めているだろうという奇妙なバッタにも出会った。おそらく枯れ葉に擬態している姿なのだろうが、さすがに動きづらそうで、度を超えているとすら感じた。手にとってよく調べてみると、どうやら進化の過程で、飛翔するための翅は完全に失われているようである。背中が重いのか動きも鈍く、跳ねるのもあまり得意そうではない。バッタ＝逃げ足特化の昆虫だと思っていたが、こんな隠遁一筋な種もいるのかと一石を投じられた思いがした。

ほかにも世界各地で変なバッタたちと出会ってきたが、そのすべてを話すとなるとキリがない。本章ではこれまで遭遇してきた広義の「バッタの仲間」の中でも特に印象深かったものたちを、主に「大きさ」という点で着目しつつ紹介していきたい。

タイワンツチイナゴ

日本最大のバッタはうまい

日本最大のバッタのひとつ。その名のとおり台湾をはじめとする熱帯・亜熱帯アジア諸国にも分布し、一部の国では食用にされる。

まず、日本一大きなバッタとは一体どれだろうか。厄介なことに、この問いには複数の正答が存在する。第一に「体の大きさ」を端から端までの長さとみるか、それとも体重とみるかで話は大きく変わる。さらに体の長さは大きく分けて

・頭部の先端から翅の先端までを含む「全長」

・頭部の先端から尻の先端までを含む（翅の長さは除く）「体長」

の2通りがある。飛行能力に優れた長い翅をもつ種は全長で計測したほうが有利だが、体長に着目した場合は「カサ増し」が効かなくなるため一気にランクが下がってしまいかねない。一方で飛翔に重きをおかない種は翅が短い、あるいはほとんど翅が退化してしまっているも

のもあるので、その逆の現象が起きるのだ。

たとえば日本各地の草むらで見かけるショウリョウバッタの雌は実に90㎜にも達し（ほとんどのバッタ類は雄に比べて雌のほうが大きくなる）、間違いなく日本最大（最長）のバッタを名乗る資格を有する。実際、ショウリョウバッタを日本最大のバッタとして紹介しているメディアも多い。

だが、ここはひとつ沖縄に分布するタイワンツチイナゴというバッタを「日本最大」の対抗馬として推したい。トノサマバッタによく似た、いかにも標準的な体型をした褐色のバッタであるが、なんといっても体格が大きい。タイワンツチイナゴの雌は最大で全長84㎜。ショウリョウバッタには一歩譲る長さである。ただし、ショウリョウバッタはロケットを思わせるスレンダーな体型で、体重は体長に対して軽い。その点、タイワンツチイナゴはずんぐりとした体格で重量感がある。ウエイトで見れば、日本最大のバッタはこちらだろう。身長200㎝のプロバスケットボール選手と、身長190㎝のプロレスラーと、どちらが「よりデカいか」というような話である。

まあ、所詮は人間目線での話だし、たいした問題ではない。どちらもデカい。それでいい。

実際、この2種が目の前の草むらから不意に飛び出してくると、大人でもいくらか面食らってしまうものである。特にタイワンツチイナゴは狭い範囲に大量の個体が生息していることがあるので、草原やサトウキビ畑にうかつに足を踏み入れるとバチバチと巨大バッタが飛び交ってお祭り騒ぎになることさえある。

また、この一箇所に集まる性質と体の大きさに着目して、東南アジアの内陸部では貴重なタンパク源として本種を食用にする文化が古くから存在している。たしかにこれまでの取材でタイなど東南アジアを訪れた際には、屋台の大鍋で炒められた本種が他の虫たちとともに店先に並べられているのを幾度も見かけた。だが、いつもその他の虫（ゲンゴロウやらガの幼虫やら）を選んでしまい試食するには至らなかった。

「まぁ虫系屋台の定番メニューだし、また今度でいいや」

と呑気に構えていたのだが、そうこうしているうちに新型コロナウイルス感染症が大流行し、東南アジアへの渡航が困難になってしまった。旅先での体験は機会が訪れたらば多少の欲を張ってでも、手当たり次第にこなしておくべきものだということだ。

しかし、幸いなことに数ある東南アジア産食用昆虫の中でもタイワンツチイナゴは日本、しかも僕が住んでいる沖縄にも分布している。ならば国内にいながらにして東南アジア旅情を味わえるというものではないか。そう思い立った2022年のある夏の夜、僕はタイワンツチイナゴ狩りへ出かけた。

さっと炒めて東南アジアの旅情を味わう

バッタを捕るのになぜ夜？　と思われる方もおられるだろう。バッタは昼行性で、基本的に夜は寝ているからだ。ふつう、虫を探す場合は狙いの種が活動している時間帯に出かけるものである。夜行性のクワガタやカブトムシを捕まえたいならば夜間か早朝に樹液を舐めているところを探すだろう。昼間は人目につかない場所に隠れて寝ているからだ。さらに昼行性のセミ相手ならば昼間やかましく鳴いている声を頼りに捕まえるのが効率的だ。夜間は息を潜めて寝ているので、どこにいるのかわかりにくい。

ではなぜバッタだけ真逆のパターンなのか？　その理由はバッタの逃げ足と寝相にある。

タイワンツチイナゴは大柄な体つきに反して非常に神経質で、日中は人影が近づくとすぐさま自慢のジャンプ力で逃げてしまう。捕虫網を使えば1、2匹まではたやすく確保できるだろうが、料理に使うほどたくさんの個体を確保するには、おそらく数時間を要する。食材としてはあまりにコストパフォーマンスが悪い。

そこで、寝込みへ襲撃をかけるのだ。寝るときは土の中や木の洞に潜るクワガタやカブトムシ、あるいは高い木の上に張り付くセミなどと異なり、バッタは夜になっても昼と同じく草の葉の上で睡眠をとる。葉っぱの上にいてくれれば、懐中電灯さえあれば簡単に見つかる。当然、寝ているのだから逃げ出すこともない。小一時間もあれば20匹は収獲できるだろう。

問題があるとすれば、夜中の草むらでいい大人がひとりでバッタ捕りをしている光景があまりに怪しいという点だろうか。ただし、そんなものは日中であってもそれなりには怪しいのだから、あまり気にする意味はなかろう。

フィールドはススキの茂る草むらを選んだ。タイワンツチイナゴの褐色の体は枯葉交じりの草むらに溶け込む保護色であり、日中は目を欺かれてしまうことが多い。しかし、夜はみずみずしく張りのある緑葉の先端にしがみついて寝ているため、ＬＥＤライトで照らすと簡単に見つけられる。その後はもうイージーワークだ。虫を捕まえるというより、草の先に実った果物を摘み取るような作業である。

つまみ上げたそばから洗濯ネットに放り込み、食べたいだけの量が集まったらおしまいだ。なにも難しいことはない作業だが、強いていうなら洗濯ネットを使用するのがコツか。プラスチック製の虫かごへ収容すると、目を覚ましたタイワンツチイナゴたちがパニックを起こして跳ね回り、壁や蓋に体をぶつけて傷ついてしまうのだ。そこで、やわらかく虫体にやさしい洗濯ネットを選ぶわけだ。どうせ食っちまうんだから傷つこうが関係ねえだろ？　と思う方もいるかもしれないが、どうせ食っちまうにしても相手は生き物だ。余計な苦しみは与えないほうがいいに決まっている。

家に帰ったら、涼しい場所を選んでバッタのひしめく洗濯ネットを1日吊るしておく。餌や水は特に与えなくてよい。そうしている間に、バッタたちは腹の中に溜まっていた糞をきれいさっぱり排泄してくれる。これをすることで、えぐみが取れて味がよくなるのだ。アサリでいうところの砂抜きのような工程である。あらかた糞を出しきったら下処理は完了。タイワンツチイナゴは低温に弱いので、いったん冷蔵、もしくは冷凍してなるべく安楽に絶命させる。そこまで気遣う必要があるかは人によって判断の分かれるところだろうが、生きたまま鍋に放り込むと暴れてたいへんなのでなんらかの方法で締めてからの調理をおすすめしておく。

調理法はタイの屋台で見たままのものを採用する。油をひいて熱した鍋でタイワンツチイナゴを炒め、仕上げにナンプラーをひと回しからめて味をつける。これだけで「屋台風ツチイナゴのナンプラー炒め」の完成だ。加熱されたタイワンツチイナゴたちは元の枯草色がうそのように鮮やかな朱色に染まり、それこそ遠目にはエビの炒め物のようである。この現象はバッタの外骨格にも、エビやカニと同じくアス

タイワンツチイナゴのナンプラー炒め。真っ赤に色づいた巨体が食欲をそそる。食べる際は硬い翅を除去する。

タキサンチンという色素が含まれていることに起因する。

さて、何から何まで大雑把な料理だが、現地で食している客たちの様子から、食べ方に特有の作法が見てとれたのを記憶している。口へ運ぶ前に長くて硬い後脚（特に荒いトゲの多いスネの部分）と見るからに舌触りの悪そうな翅を取り除くのだ。歯触りがサクサクとクリスピーな頭部と胸部、そしてやわらかくジューシーな腹部のみを食べるわけだ。こうなってしまうと、食卓がいくらか薄暗ければいよいよ小エビの炒め物と見分けがつかないかもしれない。

味もエビに近いが、外骨格の薄さと水分の少なさゆえか、食感はより軽くスナック菓子のようだ。味つけもナンプラーが実にマッチしている。山の恵みである昆虫に魚醤を合わせるというのは妙な気もするが、不思議なことに醤油よりもずっと馴染む。暑い夏の夜につまむと、なんだか東南アジアの片田舎へやってきたように錯覚してしまうのだった。

カヤキリ

日本最強のキリギリスで悲鳴を上げる

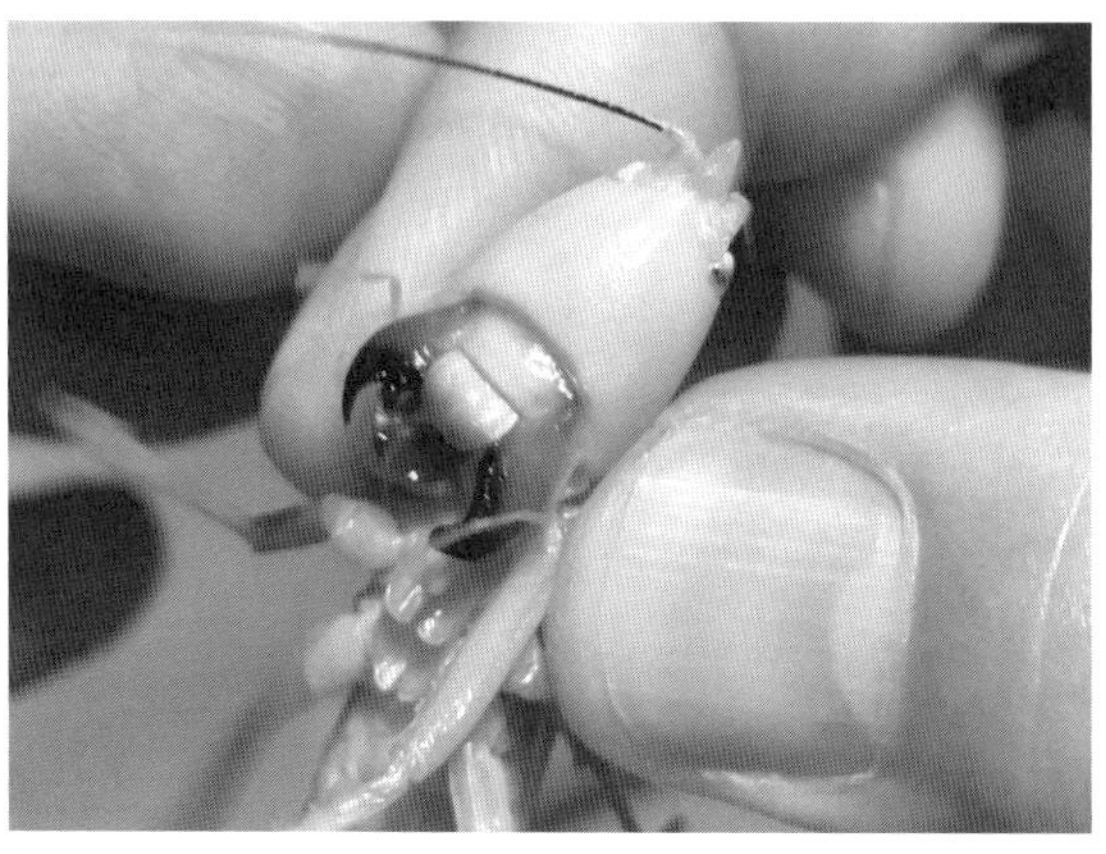
顔面の迫力も凄まじい。大きく鋭いアゴはもちろん、話が通じなさそうな目つきにも緊張を覚える。まぁ話が通じる虫などいないがね。

巨大なバッタといえば、同じバッタ目の、日本最大のキリギリス軍団も忘れてはならない。「軍団」としたのは、ショウリョウバッタ対タイワンツチイナゴの例と同じく、計測法によって複数の最大種が存在するためだ。

全長が70㎜近くに達するカヤキリと、明確に70㎜を超えるタイワンクツワムシとが国産二大キリギリスである。なお、パッと見たところの印象はタイワンクツワムシの方が全長も体高もあるためより大きく映るが、実は翅を除いてしまうと頭部も胴体も小ぶりで体重は軽い。一方でカヤキリは翅の下に隠されたボディもタイワンクツワムシに比べるとより豊満で、頭部もゴロッと大きく数段上の迫力ある。体重と面がまえの圧ならばカヤキリが一歩リードという風情である。

ところで、僕はこのカヤキリという虫にまつわる鮮烈な思い出をもっている。

幼少期に草むらで見つけたこの虫を、「超でっけえキリギリス見つけた！」と意気揚々に素手でつかみ上げ、手を咬まれてしまったのだ。キリギリスの仲間には肉食性が強いものも多く、アゴが鋭く咬合力に長けた種も少なくない。しかし、カヤキリのそれは別格だった。ザクリと深く皮膚に切り込んだアゴ先はやすやすと肉にも達し、激痛とともに血があふれ出た。子どもの薄い肌ではダメージもひとしおだったのだろうが、これには驚いた。たしか、虫に咬まれて血を出すというのはこれがはじめての体験だったように思う。

出血とはわずかな量であっても子ども心には一大事であるから、それからしばらくはキリギリス類を捕まえる際には慎重になった。軽いトラウマである。だが、「痛い」「怖い」よりも「採りたい」が勝ってしまうので、懲りずにカヤキリや近縁のササキリを捕まえては咬まれることを繰り返してしまうのだった。その結果、むしろ「血は出てもすぐに治るからいいか」と開き直るようになり、「指の肉を食われながらオオカマキリを捕まえる」「指をはさませてクワガタを木の洞から引きずり出す」といった荒技を編み出すに至るのだが、それはまた別の話。

だが、成長とともに器用さを身につけてくると、咬まれずに虫を捕獲、保定する方法を体得していくものである。だんだんとカヤキリをはじめキリギリス類なぞ造作もなく扱えるようになり、咬まれた際の痛みはほとんど忘れてしまった。それはそれで虫への畏れを、敬意を失くすようで寂しくもある。

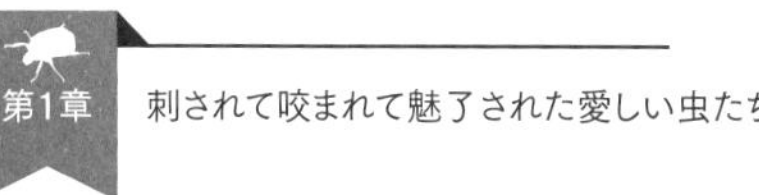

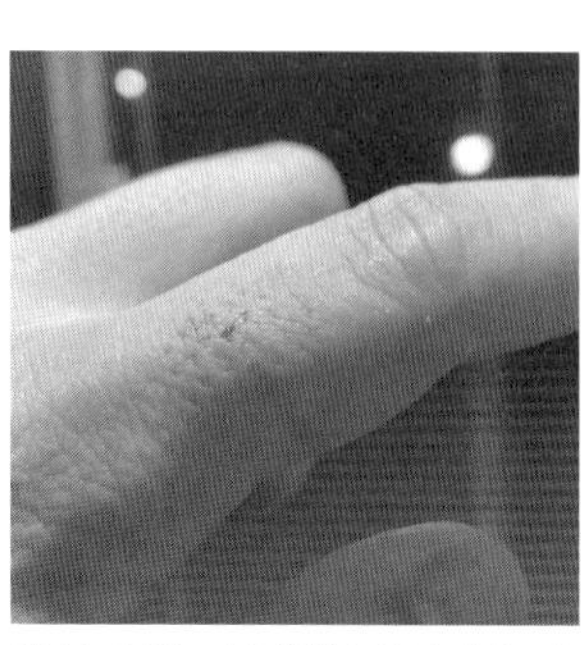
咬まれればいとも簡単に出血する。キリギリスの仲間にはアゴの強いものが多いが、本種は別格である。

そこで、久々にカヤキリに咬まれに出かけてみた。カヤキリの「カヤ」とはススキのことである。彼らはススキをはじめとする大型のイネ科植物の茂る草むらに住み、その葉を食べる。ゆえにカヤとともにあるキリギリスの意である「カヤキリ」という名を与えられたわけだ。しかし、そうしたススキ原というのは年を追うごとに少なくなっており、それに伴いカヤキリもめっきり数を減らしてしまっている。そんなわけで捕獲は困難を極め、1日では勝負がつかなかった（※虫取り業界では狙いの虫が採れないのは負けではなく引き分けとしてカウントされ、こちらが勝利するまで再試合が組まれ続ける）。

だがその直後、別件で訪問していた千葉県某所にて、思いがけない出会いを果たす。たまたま、宿の灯りめがけてカヤキリが飛来してきたのだ。思いが通じた、などというつもりはないが、虫を追っているとこうした「タイムリーツーベース棚ぼた」といった事態がたびたび起こる。不思議なものである。

これ幸いとばかりにむんずと頭部、胸部をつかんで捕らえ、顔面に指を押し当てる。瞬間、ズブ！という生々しい幻聴が響き、鮮烈な痛みが走った。懐かしい、とは微塵も感じない。「えっ、こんなに痛かったか⁉」と想定外の衝撃にうろたえ「ぐおお！」と情けない悲鳴を上げてしまった。大人になり皮膚はいくらか頑丈になっているはずだが、凹んだ肌からはたちまち血液が滲んでくる。感動的なまでのパワー！

そして、幼少時の自分はよくもまあこれほどの痛みに耐えたものだと感心した。いや、耐えられたとは思えない。思い出の中では耐えていたはずだが、それは僕のちっぽけなプライドが歪曲して定着させた偽りのメモリーでしかなく、実際のところは泣き喚いてカヤキリを放り出していたというのが正史なのではないか。あまりの痛みに自分の記憶が信用ならなくなってきた。

さて先ほども述べた通り、キリギリス類の多くは肉食性が強い。そのため獲物となる昆虫や小動物を仕留めて刻み、咀嚼するための強大で鋭いアゴをもつものが少なくない。しかし、このカヤキリは国産キリギリス界でもトップクラスの咬合力と刃物のようなアゴをもちながら、意外にも完全な草食性昆虫なのである。ではなぜ彼らはこんなにも強いアゴを備えているのか？　その理由はカヤキリが食す植物の特性にある。

カヤキリがススキなどの大型イネ科植物を好んで食べることは先述した通りだが、それらの植物は葉にガラス質を多く含む。ススキの葉を不用意に触ると指先が切れるのも、このガラス質による。虫がこの葉を食べるには、生半可なアゴでは文字通り歯が立たないのだ。

そこでカヤキリは進化の過程で、ガラス質に負けないアゴを獲得したというわけだ。人の皮膚を切り裂くほどの硬度をもつ葉を咬み切るのだから、人の皮膚を切り裂くアゴをもっているのも納得である。イネ科植物が葉にガラス質を含ませるという変化球の進化を遂げたのは、バッタ類をはじめとする草食動物からの被食を避けるためであろう。一方、それに打ち勝つためにアゴを強く硬くするという豪速直球な進化で対応するカヤキリ。生きものたちの生存競争というのはつくづく興味深いものだ。

ラバーグラスホッパー

「のろまバッタ」のゲロを舐めてみた

でっぷりした体格にド派手な体色で異様な存在感を誇るバッタ。動きはのんびりで、人が近づいても逃げない。一体なぜ？

カヤキリが恐ろしいアゴをもつ理由は食性にあったわけだが、バッタの仲間でこれほど強力な武器をもつものは稀であり、ほとんどの種は「抵抗」ではなく「逃げ」に特化している。長い後脚から生み出される驚異的な跳躍力がまさにそれだ。さらに翅による飛翔能力が加わると、多くの捕食者は置き去りにされるばかりである。バッタこそ、陸生昆虫界きってのスピードスターなのだ。

ところが、中にはやたらと動きが鈍く、翅ももたないバッタがいる。2018年の夏にアメリカのフロリダ州で出会った「ラバーグラスホッパー」だ。ラバーグラスホッパーはアメリカ南部に生息する大型のバッタである。翅がほとんど退化しているため全長はさほどないものの、胴まわりが異様に太いため日本最大種のタイワンツチイナゴを遥かにしのぐボリュームと迫力があり、独特の存在感を放つ。

もうひとつビジュアル面で特筆すべきはその色彩で、とにかく派手。黄色、オレンジ、赤とかなり個体差はあるものの、いずれも毒々しいまでのカラーリングである。その上、数がやたらと多い。毎年夏に大発生する虫らしく、多少の緑さえあれば、草むらでも畑でもそこら中にうじゃうじゃいる。草や作物だけでなく樹木やヤシの葉、さらにはアスファルトの道路上にまであふれかえっている有様だ。

そして動きがひたすらスロー。「のろまバッタ」という意味の名前通り草や木の葉から葉へもたもたと歩き回る様子はまるでナマケモノのようである。だがさらに驚くべき、他のバッタたちとの決定的な差がある。彼らは人間がズカズカと近づいてもまったく逃げない。それどころか捕まえようと手を伸ばしても動じない。ギュッとつかみ上げてようやく後脚をピンピン弾かせて逃げるそぶりを見せるが、それでもいまひとつ危機感を露わにしない。なんというか態度に余裕があるのだ。なんなら余裕をかましすぎて、路上に座りこんでいる連中は自動車が走ってきても避けようとしない。当然、そのまま轢かれてしまうので路上には黄色や赤のペーストが塗り込められているのである。

一体なぜこのバッタたちはこんなに呑気でいられるのか？　それは彼らが体内に毒を蓄えているからにほかならない。毒があるから、鳥やトカゲといった外敵に捕食される恐れがない。だからのんびり過ごせる。そしてせっかく毒をもっているのだから、「私には毒があるぞ！　食えないぞ！」と周囲へ積極的にアピールしたほうがよい。ゆえに彼らは黄色だの赤だのというド派手な体色、いわゆる「警告色」を身にまとっているのである。

毒のおかげで基本的に外敵に襲われない、あるいは襲われる危険が極端に少ない。必然的に逃げ足の速さも不要となり、翅が退化したのだとも考えられる。ずいぶん極端で無茶な戦略に思えるが、現にラバーグラスホッパーたちはしっかりと繁栄しているので理に適ってはいるのだろう。

ちなみに、ラバーグラスホッパーの毒はアルカロイド系の神経毒だという。どのような症状になるか試してみたいが、このときはほかの重要な取材のためにフロリダを訪れていたため、丸ごと1匹を食すことはリスキーすぎてできなかった。そこで、つかみ上げた際に本種が吐き出す「ゲロ」を舐めてみることにした。バッタ類の多くは捕獲されると口から独特の臭気を放つ黒い液体を吐き出す習性がある。これは消化管に溜まっている未消化物を吐き戻したもの、すなわち正真正銘「バッタのゲロ」である。ラバーグラスホッパーもこの例に漏れず、体格が大きい分たっぷりと「ゲロ」を吐き出すのだ。

口に含むと嫌な青臭さがツンと鼻に抜け、べらぼうに苦い。だが、この辺りは無毒のバッタのそれも似たような味である。問題はそこからで、ラバーグラスホッパーのゲロは舐めているうちに舌がピリピリと痺れてくるのだ。これは神経毒の症状と合致する。もしかすると物を知らぬ外敵に襲われた際に備えて、ゲロにも毒素を含ませているのかもしれない。あるいは、単に彼らの主食が毒草で、その毒がゲロにも含まれていて、結果的に護身になっているだけなのかも。

いずれにせよ、たった一個体のゲロを舐めただけではそこまで詳しいことは語れまい。またいつか夏のフロリダを訪れることがあれば、今度こそはバッタそのものの試食に臨みたい。どうにか死なない程度の量を見極めつつね。

タイワンツチイナゴ

生息地域：南西諸島、中国、
台湾、東南アジア
など
食性：イネ科植物等
体長：約 60 ～ 84mm（翅端まで）

偏愛ポイント❶
南西諸島にいる日本最大
のバッタ。
体色は地味ながらその迫力
と存在感はかなりのもの

偏愛ポイント❷
東南アジアでは食用になっ
ており、食べてもおいしい

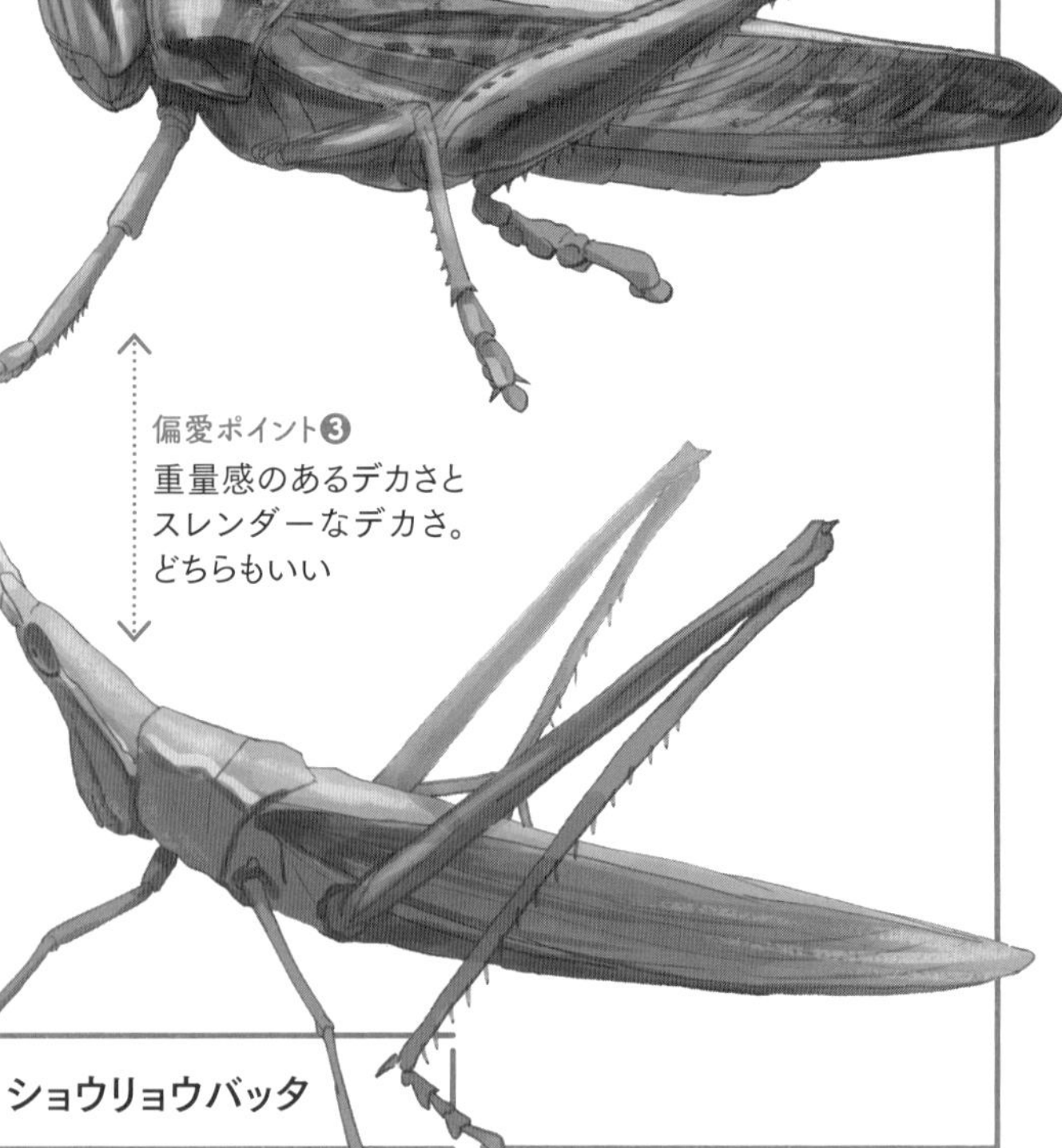

偏愛ポイント❸
重量感のあるデカさと
スレンダーなデカさ。
どちらもいい

ショウリョウバッタ

カヤキリ

生息地域：本州、九州など
食性：イネ科植物等
体長：63 〜 67mm（翅端まで）

偏愛ポイント❶
日本最大級のキリギリス

偏愛ポイント❷
大きさに目が行きがちだが、若草色の体とオレンジ色のアゴのコントラストが美しい

偏愛ポイント❸
咬む力が最強格。咬まれると超痛い！

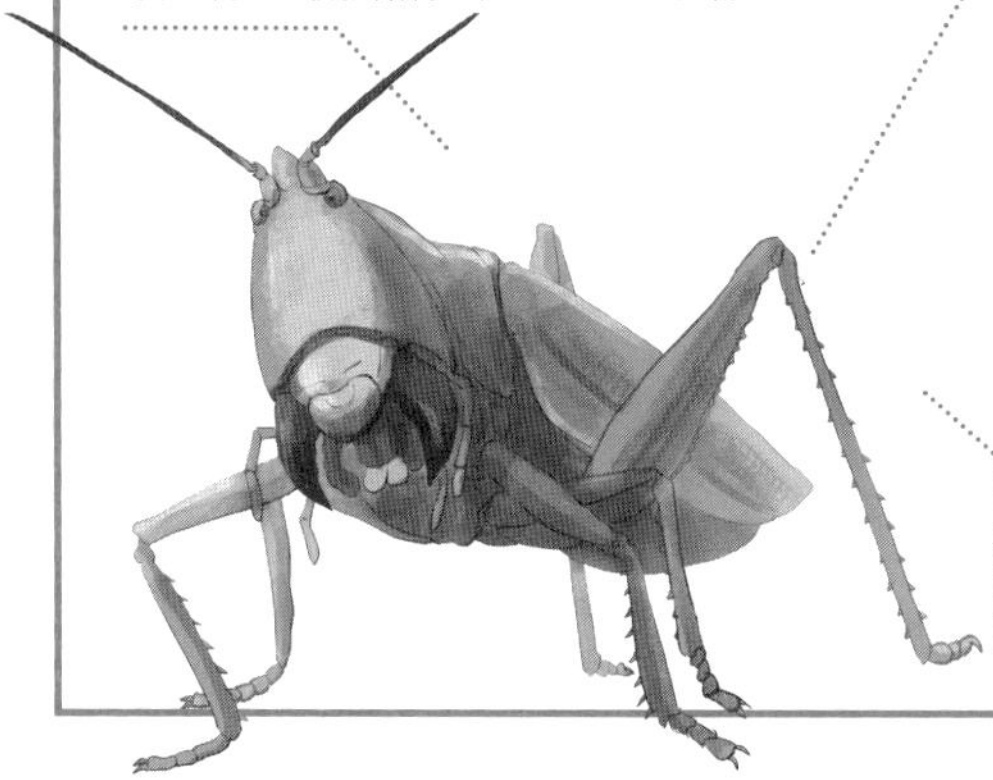

ラバーグラスホッパー

生息地域：アメリカ東南部
食性：イネ科植物等
体長：60 〜 75mm

偏愛ポイント❶
とても大型でかっこいいバッタ。体色も派手できれいだし、跳ね回ったりはせず堂々としている

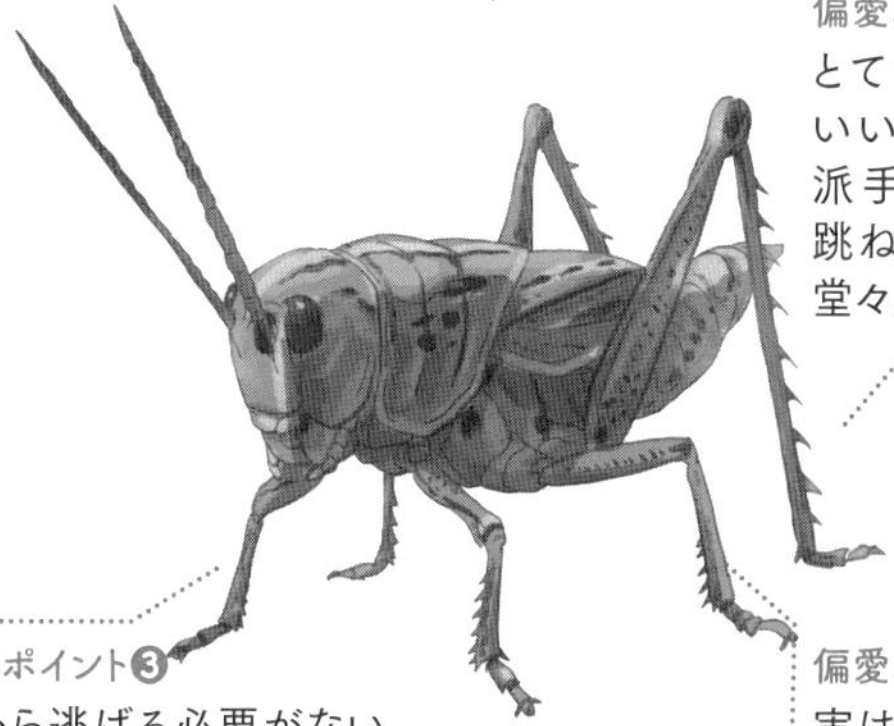

偏愛ポイント❷
実は有毒で、派手な体色は警戒色

偏愛ポイント❸
敵から逃げる必要がないから動きもスローなのだ

アリ編

僕は小さな頃から虫を愛すべき存在と認識してきた。だからどんなに大きなセミだろうがカブトムシだろうが、毒をもつムカデであっても、それらを怖いと思うことはほとんどなかった。だがひとつだけ、心から恐ろしく感じている虫がいる。アリだ。

断っておきたいのは、すべてのアリが恐怖の対象というわけではないこと、そしてあくまで「恐ろしい」のであって「嫌い」や「苦手」ではないということだ。

数あるアリの中には毒針や強力なアゴを備えた攻撃的なものがおり、それらと対峙するのが恐ろしいのである。だが、人は恐ろしいものや危険なものに惹かれずにいられないので、ビクつきながらもついつい対峙を望んでしまうのだ。

だが、恐怖する理由が毒針ならば、先の節で触れたハチたちこそがその対象となるはずだ。なんせあちらはアリより大きな体と毒針、さらには飛翔能力まで備えているのだから。だが、アシナガバチもスズメバチも「警戒」の対象にこそなれど、恐ろしさを覚えたことはほとんどない。アリというちっぽけな虫たちが秘めた驚異は、スズメバチ程度の暴力ではとても肩を並べるには至らないということだ。いくら毒針やアゴで武装しているとはいえ、アリ1匹の攻撃力はたかが知れている。そんな貧弱なアリたちを最恐たらしめている最大の要因は、大規模な群れを率いた集団戦法である。

群れでの戦いならハチも得意だろうが、兵の総数が圧倒的に異なる。たとえばオオスズメバチのコロニーの総数が最大でもせいぜい数百匹であるのに対し、後述するヒアリは十万匹以上にも達する。文字通り兵力の「桁が違う」わけだ。さしずめ、ハチが街のケンカ自慢たちで集まった不良グループだとすれば、アリは大規模な勢力を誇るマフィアファミリーといったところだろう。

地上最強の生物を決めるとしたら、おそらくその頂点は数種のアリたちで争われるだろう。当然、人間であってもその身ひとつでは、黒い洪水のようなアリの群れには太刀打ちできないはずだ。端から踏み潰そうと足を出せば、そこから数万匹のアリにたかられ、そのすべてから毒針を撃ち込まれ、ただで済むことはない。ショック症状を起こして倒れ込めば、やがて少しずつ肉片を咬み切られてアリの食糧として運ばれていくことだろう。

毒性の強いアリたちを前にすると、ついそんな事態を思い浮かべ、背筋に冷たいものを感じてしまうのだ。だが同時に、虫でありながら人間を打倒する強さへ、ある種の憧れを覚えずにはいられないのである。

グンタイアリ

捕らえた獲物を逃さない
アマゾンの黒い軍団

アリの中でも際立って異様な姿で知られるグンタイアリの兵アリ。武器としてもあまりに大きすぎるアゴには一体どんな役割が？

獰猛かつ強毒、それでいて大規模なコロニーを形成するアリの中でも特に広く知られ、かつ恐れられているのが「グンタイアリ」であろう。グンタイアリは南米大陸北部に広がる大森林地帯「アマゾン」に生息する、大群をなして森林内をさすらうアリの総称である。彼らは尻の先端に毒針を備えており、それを武器に獲物となる小動物を狩る。さらに、主にコロニーの護衛役を担う兵アリが特徴的な外見をしていることでも知られる。彼女たちはクワガタ顔負けの巨大なアゴと、それとは対照的に小さく退化した眼をもつのだ。この面がまえがなんとも絶妙。一見すると禍々しいが、まばらに産毛が生えた頭頂部や瞳のつぶらさに着目すると、とぼけた表情のおじさんにも映る。その場合、黒いアゴを鼻髭に見立てるとコミカルさに拍車がかかる。しかし、大地に踏ん張り頭部をもたげ、アゴを振りかざして威嚇する姿は迫力と凛々しさに満ちて実に格好がいい。狩猟・戦闘能力もアリ界トップクラスだが、ビジュアルの強烈さも群を抜いているのである。

また、その生態と行動でも一般的なアリとは一線を画す。アリといえばふつう、地中に穴を掘ったり蟻塚をこさえたりとなんらかの形で特定の「巣」を作り、そこを根城に活動するものである。ところが、グンタイアリは巣を作らないアリなのだ。

「軍隊蟻」の名の通り、さながら長蛇の隊列を組んだ兵団のようにジャングルをさすらい続ける生活を送る。黒い洪水のように林床を流れながら、行く先々で遭遇する虫、爬虫類、哺乳類、あらゆる生物を手当たり次第に襲撃しては兵糧へと変換し続けるのだ。こうなってはもはや行進というよりも殲滅戦か。

ひとつの群れ（コロニー）を構成するアリの数は種によっては数百万匹にまで達する。ただし、その大半は小さく地味な、いわゆる「フツーのアリ」らしい姿の働きアリが占めている。数百匹の働きアリに対して1匹ほどの割合で兵アリが紛れ、「軍隊」の警護を担当する。もちろん群れには女王や王も参列しているのだが、あまりに数が少ないため見つけ出すのは難しい。

ともあれ、数百万のアリたちが毒槍を構えて進軍するわけだから、まず敵う相手はいない。ジャガーだろうとワニだろうと、この黒い奔流を避けずにはおれないのだ。実際、グンタイアリの群れが近づくと、鬱蒼とした藪の中から昆虫、クモ、トカゲにカエルといった小動物たちが「百鬼夜行」のように次から次へと飛び出してくるため、すぐに察しがつく。彼らの慌てようは相当なもので、野生動物でありながら足をもつれさせ逃げ惑うのである。ジャングルの生きものたちにとっては、山火事に次ぐ巨大な災厄であるに違いない。

皮膚をつらぬく死神の鎌

僕がこのアリたちとはじめて真正面から「交戦」したのは2016年のことだった。

デンキウナギを捕獲するためアマゾン奥地を訪れた道中、陽炎が昇り立つ道の先に異様な光景を見た。赤土が剥き出しになった村の殺風景な道路に、黒い帯が小川のように蛇行して「流れている」のだ。もしや、と近寄ると、それこそがまさに進軍しているグンタイアリの隊列だったのである。

グンタイアリは巣をもたず常に行列をなして移動し続ける。兵アリは女王たちを外敵から護衛する役割を担う。

ジャングルの中でかち合う、あるいは真夜中のキャンプ地へ大群がなだれ込んでくる、といった人間に不利な環境であれば恐怖と混乱で観察どころではなかったろう。だが、この場は幸いにもひらけた環境である。いざとなればすぐに逃げられるし、捕獲・観察を行うにはこの上ない機会だ。隊列のそばにしゃがみ込み、アリたちを至近距離で眺めてみる。意外にも、そばを歩き回っても、しゃがみ込んで列へ影を落としても、アリたちはこちらを襲撃しようとしない。というか、こちらのことなど眼中にないようだ。絶え間なく流れ続ける隊列を崩さずについていくのに必死で、それどころではないといった風にも見える。獲物の発見と襲撃は主に先頭集団、つまり前線の役割なのだろう。

だが、列の維持と防衛はコロニー全体に課せられた命題だ。こちらから襲撃をかければ、彼女らは応戦するに違いない。列の流れを眺めていると、隊列の傍で頭を持ち上げ、触角をピコピコと動かす兵アリを見つけた。どうやら兵アリはとりわけ警戒心が強いものが多いようだ。こいつならば！　とその眼前の地面へ指先を突き立てると、間髪を入れずに飛びついてきた。

長く鋭い、まるで死神の携える鎌のように湾曲したアゴが指先へザクリと突き刺さる‼

……だが、たいして痛くはない。いくら規格外に大きなアゴとはいっても、アリの体格に対しての話である。鋭くてもその分だけ形は細いし、さらに先端が急角度で湾曲しているため、深く刺さりようがない。傷の深さはせいぜい2〜3㎜程度だろう。つまりその特徴的な形状ゆえに、アゴの攻撃力が削がれているというわけだ。

この程度のダメージなら、こんなに大きなアゴを身につける必要はなかったはず。なにかほかに意味があるのでは――。そんな妄想に浸りはじめたところ、指先に走った「チクリ」と鋭い痛みによって我に返った。見ると、兵アリが指先をアゴでロックしたまま尻を突き出して毒針を皮膚へと刺しているではないか。だが、痛み自体はミツバチに刺されたときよりも軽い。なんだ、これなら耐えられる、そう思ったのも束の間、すぐさま毒針の二の矢、三の矢が立て続けに撃ち込まれる。「しつこいな！」と兵アリを払おうとしたそのとき、グンタイアリが遂げた進化の恐ろしい真実に気づいた。

これはもう、手を振っても、指でつまみ上げても、兵アリは毒針攻撃をやめてはくれないし、アゴを外してもくれないだろう。なぜなら、2本のJ字型のアゴがピッケル、いや釣り針のように皮膚へ食い

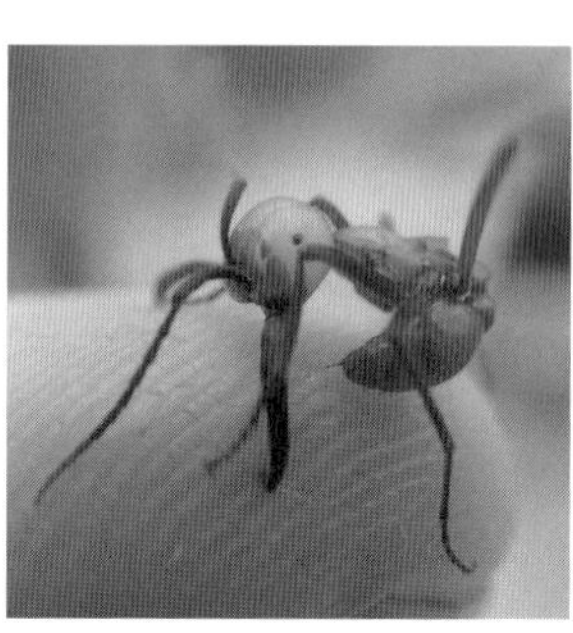
アゴをフックのように皮膚へ食い込ませて体を固定し、毒針を何度も打ち込む。奇怪なアゴはこのために…!

込んでいるのだ。

こうなってしまってはアリ本人も、襲われている相手も、もはや容易に外すことができない。兵アリは延々と指先へ毒針を刺し続けることができる、それこそ毒液が打ち止めになるまで。

そう、兵アリの異様な形状をしたアゴは武器ではなかった。自身を外敵の体に固定し、確実に毒針の連撃を加えるためのアンカーだったのだ。過去にも図鑑や映像でグンタイアリの異形ぶりは数え切れないほど拝んできたものだが、実際の用途については考えがおよばなかった。しかし、こうして現地で実物を観察して、触れて、咬まれて刺されることで、その機能を理解できたのは驚きであったし、喜びでもあった。

このグンタイアリとの邂逅は、虫たちとのふれあい方に大きな影響をもたらした。ちょうど前年、セアカゴケグモの毒を体験し、虫の奥深さを知った頃でもあり、わざと刺されたり咬まれたりすることがよりエスカレートしていったのだ。グンタイアリ、罪な女たちだ。

ちなみに、さきほどからグンタイアリのことを彼女だの罪な女だのと表記しているのは、群れを構成するほとんどの個体（働きアリと兵アリと女王）は雌だからだ。ちなみに、わずかに存在する雄アリ（王アリ）は毒針をもたない。なぜなら、アリもハチと同じく毒針は産卵管に由来する器官だからだ。

ブルドッグアント

空から襲撃する暗殺者

立派なアゴをもつブルドッグアントだが大きな眼はグンタイアリと対照的。この眼のもたらす高い空間把握能力が脅威となる。

大きな牙（アゴ）と毒針をもつアリといえば、グンタイアリと並んでもうひとつ語り忘れてはならないグループがある。オーストラリアで繁栄している、その名も「ブルドッグアント」の仲間たちだ。ブルドッグとはいかにも獰猛そうな名だが、本種の気性の荒さや攻撃行動からすると、なかなか似合いのネーミングだと感じられる。なお、日本で紹介される際はその身に備えた武器から「キバハリアリ」という和名をあてがわれることもある。

グンタイアリの場合、異様な見た目は兵アリだけの個性だったが、ブルドッグアントの場合、女王や働きアリを含めたすべての個体がクワガタじみた大きなアゴをもつ。ただし、こちらのアゴは直線的でギザギザしたシルエットをしており、グンタイアリとは用途が異なることが察

シャープな体つきは、翅こそもたないもののある種の狩人バチを思わせる。毒針の威力もまたハチそのもの。

せられる。眼もグンタイアリとは真逆でパッチリと大きく、アリというよりハチのような麗しさを感じる顔立ちだ。

実際、アリはハチから進化した昆虫であるが、ブルドッグアントはその中でも特に原始的＝ハチに近い特徴を備えたアリとされるので、毒針をもつことも目元にハチの面影があるのも道理なのかもしれない。

僕がブルドッグアントとはじめて対面したのは2017年、グンタイアリと遭遇した翌年のことだった。あるテレビ番組の企画で本種を含むオーストラリア東部、クイーンズランドの昆虫を撮影することになったのだ。苔むした樹皮にリアルすぎるテクスチャーで擬態するナナフシや、鮮やかな紅色のカメムシなどをカメラに収めながら密林を進んでいく。

獣道を数十分も歩くと、前方にこんもりとした土の山が現れた。同行してくれた現地の昆虫学者いわく、これこそがブルドッグアントの蟻塚、つまり巣なのだという。周囲を見回すと地面に、木の枝に、褐色の奇妙なアリたちがワラワラと徘徊している。体つきはスラリと細長く、尻の先端は鋭く尖っている。強いていえば日本に分布するアギトアリの仲間に似ているが、体の端々がはるかに攻撃的な形状をしている。そしてやはり目を引くのが、そのアゴである。うむ。ややスレンダーな印象だが、それでもブルドッグの名に恥じない厳つさだ。

見た目もさることながら挙動も特徴的で、集団で活動してもきれいな行列は作らないらしい。それぞれの働きアリたちが巣の周囲で思い思いに餌を探し歩いているようにみえる。特筆すべきはその大きさで、細身ながら体長は2㎝以上もある。ブルドッグアントの仲間は大型種が多く、中には1㎝程度の小型種もあるものの、大型ではなんと体長3㎝にも達する。オーストラリアでは「インチアント（1インチ＝約3㎝）」という通称で恐れられているという。となると、今回遭遇したブルドッグアントは日本人から見れば十二分にデカいが、せいぜい中型種といったところのようだ。

なるほど、図鑑で見るのとは随分印象が違うものだ、とまじまじ見つめていると、背後から「ギャッ」と悲鳴が上がった。振り返ると、カメラマンが苦悶の表情を浮かべ、ビデオカメラを構える右腕を左腕でかばっている。

一説にはスズメバチ並の毒性と囁かれる、ブルドッグアントの毒針に彼は刺されてしまったのだ！　だが、彼はやや遠巻きにアリを撮影しはじめたところだったし、体勢も中腰であった。アリの群れに足を踏み込んだわけでもないようだ。それなら何十というアリにたかられているはずだろう。唐突に1匹のアリに腕を刺されるというのは、いささか不自然である。まるで敵意に満ちたアリがワープしてきたようだ。

空襲するアリ

実際のところは、それが当たらずといえども遠からずなのである。ブルドッグアントはアリでありながらバッタのように後脚をバネにして、かなりの高さと距離をジャンプして移動できるのだ。この能力から、現地では「ジャック・ジャンパー」という別名で呼ばれることがある。

アリは飛翔することがない点で攻撃能力はハチよりもマシだと思っていたが、ジャンプができるのは想像以上に厄介だ。ハチが飛んできたなら羽音で察知できるが、このアリたちのジャンプは無音で行われる。予兆なしに、いきなり激痛に見舞われるのだからたまらない。毒性もさることながら、この跳躍能力がブルドッグアントたちの恐ろしさを何倍にも増大させているのである。

さらに、地表はもちろん樹上などでの立体活動も得意であるから、ブルドッグアントたちの生息地では周囲360度を警戒しなければならない。長ズボンや長靴で防備していても、木の枝葉から頭皮や首筋へ「空襲」をかけられる恐れがある。これはいかに戦と狩りのエキスパートであるグンタイアリでも、さすがに実現できなかった独自の戦法だ。

さて、こうなるともう現場はパニックである。鬱蒼とした熱帯雨林の中、どこから毒矢が飛んでくるかわからないという異常事態。あの恐怖ときたら、さながら映画「プレデター」のようだった。番組の撮影中だというのに、撮影クルー全員がしきりに足元や周囲の樹木に目配りをはじめる。神経が研ぎ澄まされ切った結果、植物の蔓が肌に触れただけで悲鳴を上げる者まで出る始末。地獄。

せっかくの機会なので、僕も試しにアリたちがたかる木の枝へ腕を差し出してみた。すると次の瞬間、気づいたときには2匹のブルドッグアントが前腕に乗り移っていたではないか。「えっ、ジャンプが速すぎて見えなかった……」と心の中でつぶやいたときには、すでに2発分の毒を撃ち込まれていた。ヂガン！という鋭く重い痛み。スズメバチにはさすがに劣るが、それでもグンタイアリよりははるかに痛い。痛みの質や大きさはミツバチ程度のものだろう。激痛、と呼んで差し支えないレベルだ。

興味深いのは刺し方で、大きなアゴでしばしば皮膚に咬みつきながら尻の毒針を突き立てている。だが、グンタイアリのように執拗なロックは行わない。一定時間、咬んではアゴを離し、また咬むという行動を繰り返している。どうも、ブルドッグアントはアゴを毒針使用時の簡易アンカーとして使うとともに、それ単体で武器としても活用しているようだ。実際アゴの力も強く、咬まれるたびにチクチクと痛むのでなかなか不快だった。

こりゃあ、たまらん。このアリの存在を知らずに森へ分け入り、群れの中へうっかり踏み込んでしまったら……。よりにもよって、興味本位で蟻塚を倒してしまったら……。想像しただけでゾッとする。なお最後になるが、オーストラリアではブルドッグアント類による死亡事故が毎年発生しているという。話に聞いた際は半信半疑だったが、この毒性と奇襲能力を実際に体験すると「さもありなん」と思ってしまうのだった。

大行列で林床を蹂躙するグンタイアリが「軍隊」だとすれば、森林内に居城を築いて来訪者を暗殺してまわるブルドッグアントは、さながら時代劇に登場する「忍者軍団」のようではないか。

ヒアリ

集団で「燃やしつくす」恐怖のアリ

小さく、色も地味。なんの変哲もないこのアリこそ各国で騒動を引き起こした「ヒアリ」。平凡な外見ゆえ侵入に気づきにくいのが厄介。

さて、危険なアリの話をするとなれば、このアリをスルーするわけにはいかない。ヒアリだ。

ヒアリとは南米原産の小型有毒アリだが、現在では北米南部や東南アジアなどにも分布が拡大している。これは貨物に紛れやすい小さな体つきや驚異的な繁殖能力としたたかな生態に起因するものである。

本種は非常に「強いアリ」で、他のアリから生息地を奪う、あるいは対ヒアリの防衛手段をもたない小動物を食い尽くすといった、在来生態系への影響が懸念されている。さらには、その毒性と強い攻撃性によって人への健康被害をもたらすため、移入先の各国で大きな問題となってきた。

そしてついに近年、彼らの日本上陸が確認されてしまった。当時はセンセーショナルな報道が相次ぎ、話題をさらったものだった。

セアカゴケグモをはじめ、こうした外来生物の侵入についての報道は珍しいものではない。だが、ヒアリに関しては従来のあらゆる外来生物よりも白熱した報道合戦が行われたように感じられた。関連分野の専門家も積極的に各メディアへコメントを寄せるなど、シリアスな空気が漂っていたのだ。それほどヒアリは「入ってこられるとマズい」昆虫なのだ。なにせいったん定着してしまうと、在来の生態系はもとより、セアカゴケグモなどの比ではない頻度で人への健康被害が多発するに違いないのだから。

実際、侵入状況が深刻なアメリカ南部を旅した際、街中も草原も湿地帯もヒアリだらけで、後述の通り僕自身も何度となく被害に遭った。現地の方に話を聞くと、子どもたちを公園で遊ばせるにもヒアリ対策として長ズボンと足首までガードできる靴が必須になっているという。

外来生物によって、生活様式が多少なりとも変わってしまったわけだ。日本の公園までも子どもたちが短パンに運動靴で遊べない場所にしてはいけない。

そのためには僕たちひとりひとりがヒアリの侵入に目を光らせていかなければならない。……のだが、そもそもヒアリとその他大勢のアリたちとを識別できる目が育っていなければそれも不可能だ。となると、ヒアリの「地味さ」がたいへん厄介なのだ。なにかと影響が大きいわりにその体格は小さく、色や形もその他のアリと大差がない。グンタイアリやブルドッグアントのような「ヤバそう感」は皆無で、なんなら見る者へか弱い印象すら与えてくる。無害っぽさがすごい。

……無害だなんてとんでもねえ。こんなに被害に遭いやすく、なおかつ症状が重くなりがちなアリもなかなかいないのだ。

ではここからは「実録！ ヒアリに襲撃された日本人」の詳細をお伝えしよう。

触れたものすべてが「焼ける」

最初にヒアリに刺されたのは2016年、テキサス州でガラガラヘビを捕まえたときのことだった。

捕まえたガラガラヘビは皮を剥いて内蔵を除去し、牧場の片隅を借りてキャンピンググリルで蒸し焼きにして食べた。これが淡白ながらも味わい深く歯応え強く、実にうまい。骨の隙間のわずかな肉片まで残さず完食し、貴重な経験にホクホクした気持ちで片付けをはじめたそのときである。生ごみを片付けようと、赤土の上にまとめておいたヘビの皮と内臓をつかみ上げた瞬間、右手から肘にかけてをジュワワ！ と皮膚が焼けつく感覚が襲った。

反射的に視線を落とすと、前腕に何百というヒアリたちが群がっている。ご馳走であるガラガラヘビの皮を奪いとろうとする不埒者に、怒りの総攻撃を仕掛けてきたのだ。

誤解のないよう最初に説明しておくが、ヒアリ1匹ずつが突き立てる毒針の痛みはせいぜいミツバチの数分の一くらいである。チクリ、ジンジンと毒特有の痛みははっきりと感じるが、大人であれば「いてて！」と顔をしかめるだけで済む程度だ。しか

ヒアリの巣の出入り口。アメリカ南部では住宅街から森の中まで、いたるところで見られる。

し、ミツバチの数分の一でも、それが数百、数千、下手すりゃ数万ともなると、その苦痛は想像を絶する。点の痛みは面への灼熱感として知覚され、脳内に「火」あるいは「焼けた鉄」がよぎる。なるほど。「火蟻」とはよくいったものだ！

しかしこのヒアリ、敵への執着がすさまじい。よく見ると、いったん皮膚へしがみつくとその場へとどまり、狂ったようにアゴでかみつき、延々と毒針を突き立てている。闘争心はグンタイアリとブルドッグアントすら凌いでいるかもしれない。こりゃ恐ろしい！

だが、こちらもガラガラヘビの後始末、その真っ最中であるから、名残惜しいがあまり長くは付き合えない。クーラーボックス内に溜まった氷水をザバッとぶつけるようにかけ、低温によって動きを止めて流水で洗い流す。これでひとまずは決着をみたのだが、その後、ヒアリたちが取りついた箇所が熱を帯び、翌日に化膿して手と前腕全体が赤い発疹で覆われてしまった。

患部が化膿して熱をもつという症状は、これまでほかのアリではみられなかったもので新鮮だったが、これは毒性にクセがあるということだろう。もしもより広範囲に、より大量のヒアリが群がったらと思うと背筋が寒くなるのだった。

しかし、そんなイヤすぎる妄想が実現する日は驚くほど早く訪れた。

ガラガラヘビ事件から5日後のこと。発疹が治ったのとほぼ時を同じくして、僕はテキサス州からルイジアナ州へ車を走らせ、アンフューマ探しに熱を上げていた。アンフューマとは細長く真っ黒な体をもつ両生類で、一見するとウナギそっくりである。だが、よくよく見ると申し訳程度の小さな四肢が生

一見ウナギだが実は脚がある不思議な生物アンフューマ。こいつを探して分け入った湿地がヒアリ地獄だった！

えているという不思議な生物なのだ。

アンフューマは水深の浅い止水域に生息するため、捕獲は湿地帯がホットスポットとなる。地図でアタリをつけた「よさげな湿地」をレンタカーで巡っていたのだが、不運なことに大規模な豪雨に見舞われてしまった。雨足は衰えず、洪水警報まで発令。これは湿地なんかをうろついていたら死ぬ！　と急いでモーテルへ向けてアクセルをふかすと、冠水しかけた道路脇の泥場にタイヤを取られてしまったのだった。考えうる限り最悪の展開だ。

さらに、タイヤスタックを直そうと車から降りた瞬間に不運の倍プッシュ！　大雨で全身ずぶ濡れなのに……短パンから露出した足首が、スネが、膝が……熱い!?

まさにタイヤがはまったその地面にヒアリの巣が掘られていたのだ。これは泣きっ面にハチならぬアリ！　しかも今回は巣穴をダイレクトに踏みつけたわけだから、被害の規模は体感で先日の十倍近い。

パニックになると、さらに人的ミスは重なっていくもの。僕はここで絶対にやってはいけない行動をとってしまった。両脚へ登ってくるヒアリたちを、両手でこすり落とそうとしたのだ。

ヒアリは落ちていくどころか、群れが手にまで「伝染」。これをやってしまうと、患部が無駄に拡大してしまうのである。この場合は、水を勢いよくかけるか、葉のついた木の枝ではたき落とすのが正しい対処なのだが、咄嗟には実行できないものなんだなぁ……。

散々な目に遭った疲れや、雨による体の冷えのせいもあったのだろう。なんとか窮地を脱してモーテルへ辿り着くと、倒れるように眠ってしまった。まだ採れていないアンフューマのことを考える余裕はまったくなかった。

だが深夜になって、悪夢にうなされて飛び起きた。異様な量の寝汗で全身が濡れており、熱い。ふと手脚を見ると、膿をもった発疹が無数にできている。体温計の持ち合わせがなく正確な測定はできなかったが、39度前後の高熱が出ていたのではないか。疲れや体温低下の影響もあるだろうが、主要因はヒアリの毒に違いない。その証拠に、額よりも手脚の方が灼けたように火照っているのだ。

しかし、もう滞在時間が残ってない。解熱剤を飲んでむりやり体調を立て直し、体に鞭打ちながら必死の思いでアンフューマを捕獲、撮影。湿地帯から逃げ出すように車を走らせ空港へと向かった。

しかし、歯車は狂いはじめるともう止まらない。

空港にたどり着く寸前でレンタカーのタイヤがバースト、予約していた日本へのフライトに乗り遅れるという結末で、この度のオチがついた。

満身創痍で空港のカウンターへ行き、新たに東京行きのチケットを買う。24万円の追加出費である。帰路便の機内で僕は「もう二度とヒアリにだけは刺されない！」と心の中で宣誓した。

だが残念ながらその翌年にはまたテキサスで刺されまくることになるのだが、それはまた別の話。

偏愛図鑑　アリ編

グンタイアリ

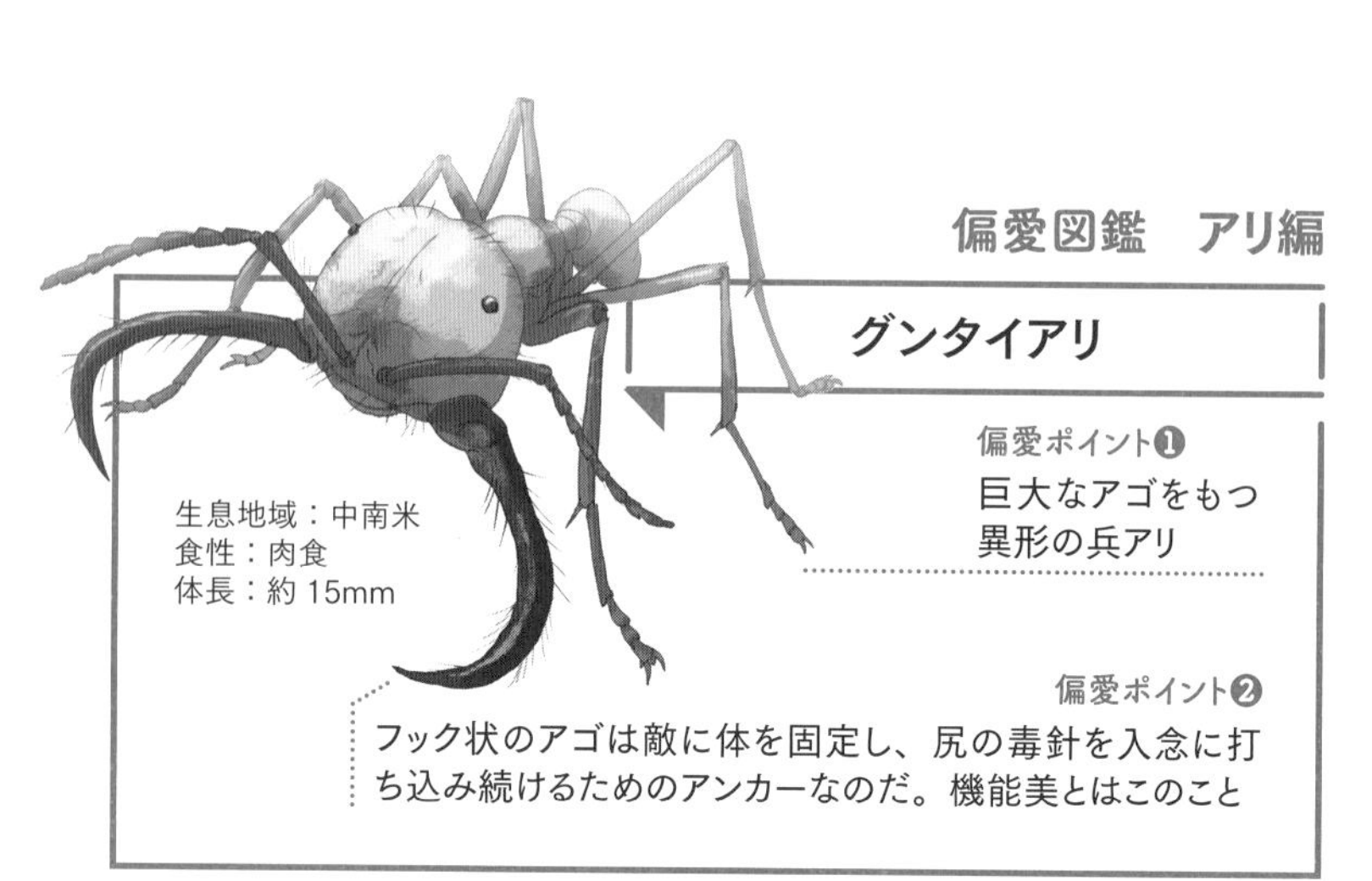

生息地域：中南米
食性：肉食
体長：約 15mm

偏愛ポイント❶
巨大なアゴをもつ異形の兵アリ

偏愛ポイント❷
フック状のアゴは敵に体を固定し、尻の毒針を入念に打ち込み続けるためのアンカーなのだ。機能美とはこのこと

ブルドッグアント

生息地域：オセアニア
食性：肉食傾向の強い雑食
体長：10 ～ 30mm

偏愛ポイント❶
鋭いアゴに加えて、ハチ並みの毒性を誇る毒針をもつ

偏愛ポイント❷
バッタのようにジャンプして襲いかかってくる

偏愛ポイント❸
顔つきは意外とかわいい

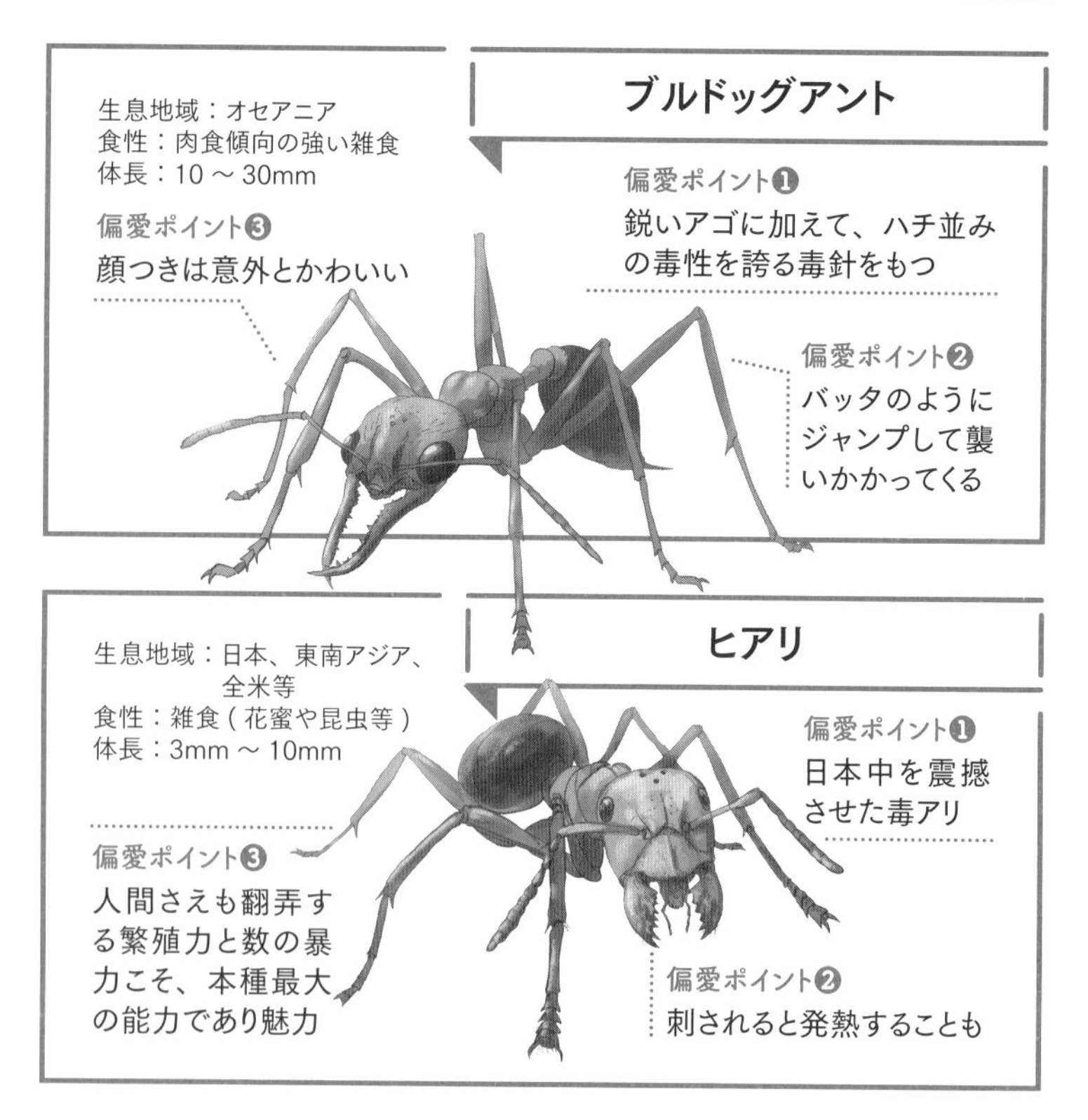

ヒアリ

生息地域：日本、東南アジア、全米等
食性：雑食（花蜜や昆虫等）
体長：3mm ～ 10mm

偏愛ポイント❶
日本中を震撼させた毒アリ

偏愛ポイント❷
刺されると発熱することも

偏愛ポイント❸
人間さえも翻弄する繁殖力と数の暴力こそ、本種最大の能力であり魅力

カメムシ編

子どもの頃、もっとも身近だった虫はカメムシだろう。

なんせ野外へ探しに行かなくとも、勝手に自宅へ飛んでくるのだ。

彼らの多くはとにかく「明るいもの」がお好みらしく、昼は陽の光を反射して白く輝くシーツやワイシャツにくっつき、夜は夜で部屋の蛍光灯に向けて何度も空中タックルをかまし続ける。

見た目は多くの種がずんぐりむっくりしており、短足で可愛らしい。カメムシの名がついたのも、このユーモラスな体型をカメに見立てたものだ。

だが、いくら可愛らしくともこの虫ばかりは招かれざる客だ。見た目はともかく、ニオイに可愛げがなさすぎるためである。

多くの方には説明不要かもしれないが、カメムシは幼虫時代には背面に、成虫だと腹部に臭腺の開口部を備えており、ストレスを覚えるとそこから強烈な臭気を放つのである。

さらに、ただうっかり触ると臭いというだけならまだしも、時に大量発生して街灯下に鼻がまがりそうな臭気を放つ死骸の山を築くこともある。

あるいは農作物の汁を吸って果実や米にシミを作るなど、人間の生活に対してわりとシャレにならない影響を与えることもしばしばである。

ゆえに彼らは、人によってはゴキブリに次いで嫌われることがある昆虫界きっての嫌われものの役回りに甘んじているのだ。

だが彼らの魅力は、昆虫界でもずば抜けたバリエーションの豊かさにこそある。

カメムシの個性は「臭い」だけではない。「美しい」、「芳しい」、「恐ろしい」……。

ここではそんな多様性に満ちたカメムシたちを紹介したい。

ナナホシキンカメムシ

輝く緑に見える「美しい」カメムシ

美しすぎるカメムシ、ナナホシキンカメムシ。タマムシもびっくりのきらびやかな体色だ。これほどきれいなら臭くてもかまわないかも。

まずは美しさだ。

とはいえ、美しいカメムシは端から挙げていけばキリがないほど多い。美的感覚というのは人それぞれだが、ほとんどのカメムシはなにかしらの美を体のどこかに備えているものである（カメムシに限らず、すべての昆虫にいえることかもしれないが……）。

たとえば、カメムシと聞いて多くの人がイメージするだろう緑一色の「あのカメムシ」ことアオカメムシは背も腹も、足の先までもが鮮やかな若草色に染まっている。草につく虫としては平凡な保護色といってしまえばそれまでだが、これはこれでストレートな潔い美しさである。

あるいは対照的に、「俺は臭いぞ！　触れたらどうなるのかわかっとるんだろうな！」と己の危険をグイグイアピールする警戒色に身を包む種も多い。特に赤と黒の配色がカメムシ界での支持率が高い。中でもその代表格にいるアカスジカメムシはその名の通り全身が赤と黒のストライプ模様という、昆虫全体を見渡しても珍しいドレッシーなカラーリングである。他にも、熱帯地方のジャングルには黄色やオレンジでベタ塗りされたカメムシもいるし、輪切りにしたタネなしスイカのように緑色で縁取られた真っ赤な体をもつものもいる。

だが、頭ひとつ抜けているのはキンカメムシの仲間だろう。彼らの多くはタマムシ顔負けのまばゆい金属光沢をもつのだ。国内産の種では、南西諸島に分布する「ナナホシキンカメムシ」がとりわけ美しい。体はメタリックグリーンで塗りつぶされ、背には「七星」の名を表す7つの小さな黒点がアクセントとして並ぶ。さらに6本脚の根本には鮮烈な赤色が差し込まれており、周囲から見えないところにまで気を配るオシャレ魂が感じられる装いである。派手さという面ではいうことなし。これもまた警戒色の一種と思われる。あるいは、南国の太陽が放つ強烈な紫外線と熱を反射するエマージェンシーシート、もしくは耐火服のような役割を果たしているのかもしれない。

なお、この美しい緑色はあくまで「見かけ上の色」でしかない。無色のシャボン玉が見る角度によって虹色に映るのと同じく、体表面の微細な構造が光を干渉することで生じるいわゆる「構造色」の一種である。

そのため、死んで水分が失われると光の干渉がなくなり、暗いメタリックブルーとなる。それゆえ生時のままの色合いを残して本種を標本にすることはできないが、こちらがナナホシキンカメムシ本来の体色であるといえるかもしれない。なお、死骸を水に浸して水分を浸透させると、鮮やかな緑色が一時的に蘇る。

これほど華美な装いをしていれば目立って仕方がないのだが、よりによってこのカメムシは「群れ」を作る。アカギやオオバギといった樹木の葉の裏にびっしりと、多いときでは数十匹のナナホシキンカメムシが宝石を敷き詰めたようにひしめいているのだ。

進学で沖縄へ移住した矢先、大学構内でこの光景に出くわしたときは、あまりの輝きにあとずさりしそうな思いがした。おお、これがあのメタリックに輝くカメムシ。図鑑で見る限りはカナブン程度のキラめきだろうと思っていたが、実物は6割増でキンキラキン。しかもそれが隙間なく寄り集まっているのだから、絢爛ここに極まれりだ。

より派手に、より臭く、警戒色の効果をできるだけ大きくするための行動なのかもしれない。

翅の継ぎ目はどこへいった？

さらに本種の美しさを際立たせているのは、背面に翅を重ね合わせてできるはずの「継ぎ目」がいっさいないことであろう。

多くの昆虫は左右二対ずつの翅をもつ。そのため飛翔していないときには背に左右の翅が畳まれた「合わせ目」ができる。トンボやチョウなどひっきりなしに翔びまわる昆虫と異なり、カメムシや甲虫は6本足で植物や地面に張りついている時間が長い。そのとき、翅は揚力を生み出す装置としてだけではなく、外敵の攻撃から背面を守る鎧としても機能する。カメの甲よろしく畳んだ翅ですっぽりと背を覆うカメムシの場合、和服の掛衿あるいは「y」のように重なっているのがふつうだ。一方で甲虫類はカメムシよりも強固な前翅（鞘翅とも）を観音開きかガルウィングドアのように、左右対称にぴたりと閉じてみせる。カメムシの合わせ目が「y字」なら、甲虫は「Y字」になるわけだ。

ところが、ナナホシキンカメムシをはじめとするキンカメムシ類の輝く背中には、この合わせ目のラインが見当たらない。七宝焼のブローチのようになめらかな曲面なのである。

さらに、触れてみるとやけに硬い。甲虫顔負けだ。ブローチというより小さな盾か。これは……左右の翅が融合して、1枚のプレートになっているのだろうか？　実際、そのような翅をもつ甲虫も存在する。カタゾウムシの仲間やマイマイカブリなどだ。彼らは左右の翅をより厚く、より硬くし、極めつきは完

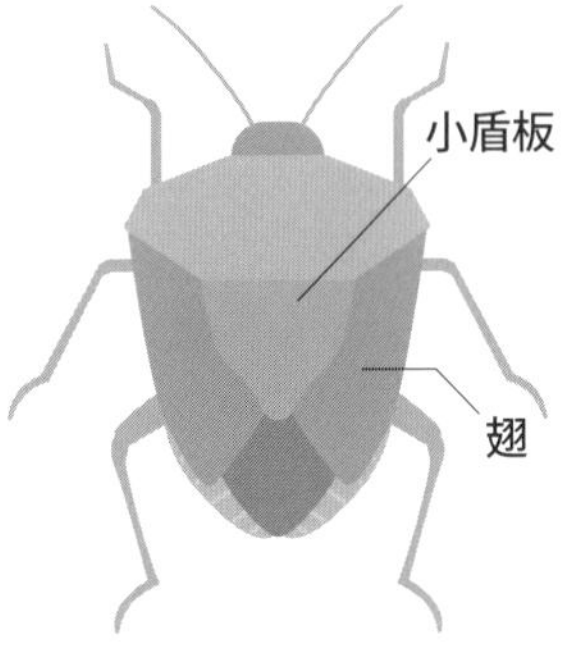

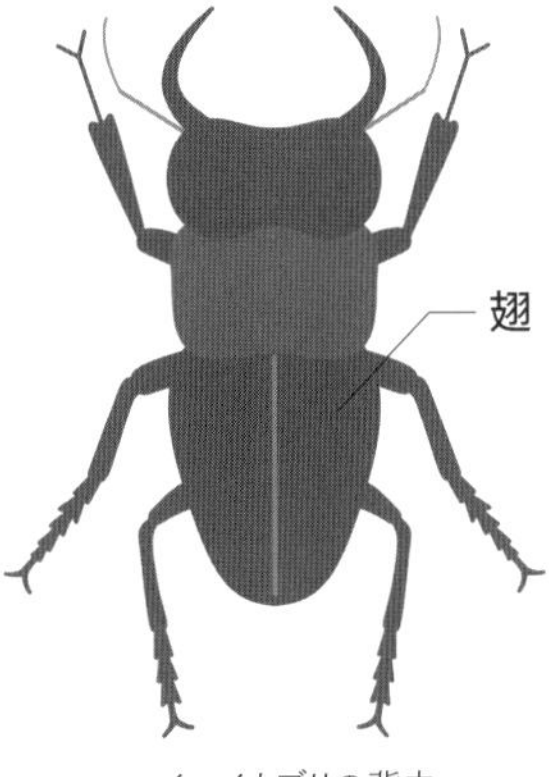

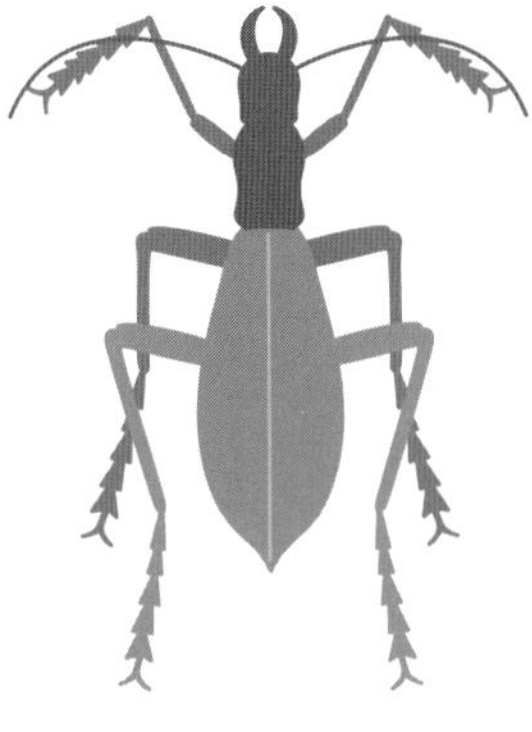

全に密着させて固く閉ざすことで、さらなる防御性能を手に入れたのだ。もちろん、前翅を閉じ切ったことで飛翔能力は失われている。代償は小さくない。しかし、そんな彼らであっても左右の翅の合わせ目は1本の溝として、くっきり残っているものだ。

ではナナホシキンカメムシたちの背中は一体どうなっているのか？

実は、背面を覆っているのは翅ではなく、小盾板なのだ。

「小盾板」とは、本来であれば翅の付け根に存在する、文字通り小さな盾のような形をした板状の部位である。本来はごく小さく目立たない小盾板が背を覆うように庇状にせり出し、できた巨大な一枚板のシールドこそがこのツルツルピカピカでカッチカチな背中の正体というわけだ。

ならば、マイマイカブリやカタゾウムシのように飛翔能力を失ったかといえばそうではない。ナナホシキンカメムシたちは小盾板と腹部との隙間から折りたたみナイフの刃のように翅をスライドして展開し、羽ばたいて森林内をキラめきながら飛び回ることができるのである。ちなみに、こうした特徴は本土に分布するマルカメムシ類なども備えている。それらはリンゴの種ほども小さく、キンカメムシ類に比べるとその異様さに気づきにくい。だが日本各地で見られるので、興味があればぜひその特異なメカニズムを観察してみてほしい。

さて、体色から体の構造まですべてが驚きに満ちたナナホシキンカメムシであるが、小さな頃に読んだ昆虫本にはさらに驚くべき事実が記されていたのをハッキリと覚えている。なんと「ナナホシキンカメムシはほかのカメムシのように悪臭を発さない」というのだ。カメムシなのに……そんなことがあるものだろうか？　いや、ありえるかもしれない。

当時、まだ実物を見たことはなかったものの、図鑑の写真を見る限り本種がただのカメムシではない気はしていた。こんなにきれいなら、あるいは臭くなくても不思議ではない。いや、そうあってほしい。それに、小盾板でガチガチにガードを固めているあたりも気になる。そんじょそこらのカメムシたちとは防御力が違うのだ。ニオイに頼らずとも、十分に身を守れるということではなかろうか。

初遭遇時、この事実を確かめるべく群れの中から1匹をつまみ上げて鼻へと近づけてみた。すると
……くせぇ！　くっっせぇ!!　ええ、ふつうに臭いです。

他のカメムシたちと比べてもなんの遜色もない臭さです。件の本を書いた著者は一体なぜこのような誤解をしたのだろうか？　だが、臭いというのはカメムシの個性でもある。臭さも愛するべき。

きれいで、ガードが固くて、臭い。ナナホシキンカメムシは個性豊かないい虫なのだ。臭くないカメムシなんざ、カメムシじゃねぇのさ。

オオクモヘリカメムシ

青りんごの香りを放つ「芳しい」カメムシ

©長島聖大（伊丹市昆虫館）

青リンゴのニオイがすることで知られるオオクモヘリカメムシ。いい香りがするカメムシがいるとは世の中ってのは広いもんだ。

さて、カメムシは臭くあってこそ、と語ったそばからなんだが、世の中には爽やかな青りんごの香りを纏うカメムシもいる。ネムノキなどにつくオオクモヘリカメムシという細身で緑色のカメムシである。

その姿は「亀」には似ても似つかない。あまりにカメムシ離れしているため、キリギリスかナナフシの一種だと思ってつまみ上げてしまう人もいるのではないだろうか。でも安心。ニオイは青りんごだからね！

カメムシとひと口にいっても、日本だけで１３００種がいる。それだけバリエーション豊富だと、当然食べ物も異なってくるわけで、放つニオイも少しずつ違う。青リンゴのニオイ成分はヘキサナールやヘキシルアセテートという物質だが、これらは他のカメムシたちの「おなら」にも含まれている。オオクモヘリカメムシはヘキサナールとヘキシルアセテート、それ以外の物質の分泌バランスが絶妙であるがゆえ、人間には「いいニオイ」として捉えられるのだ。

ただし、絶妙なバランスの配合ゆえ人によっては「イヤなニオイ」と感じる場合もある。特に、鼻の穴へ至近距離まで近づけて嗅ぐと失敗しやすい。どうしても青臭さが勝つのだ。そこで、カメムシを1メートル以上離れた風上に置いて実験を行うと、臭気の成分がうまい具合に攪拌されるためかいいニオイとして認識される場合が多い。

しかし、いくらいいニオイがするとはいっても味まで青りんごとはいかない。実際に口へ含むと激しい刺激を伴い、盛大にえずくこととなる。鳥などの天敵を避けるという目的は十分に遂げているようだ。

余談だが、日本最大にして最強の肉食カメムシであるタガメもカメムシの端くれとして「ニオイ」を発することができる。このニオイは雄が雌を惹きつけるためのフェロモンとして、あるいは杭や抽水植物に産みつけられた卵を守るための虫除け剤として活用されている。なお、こちらはオオクモヘリカメムシよりもさらに鮮烈で芳醇な、洋梨のような香りである。そのため、東南アジアの一部地域ではタイ語でメンダーというタガメ（タイワンタガメという大型種）を食用にする文化がある。炒めたタガメをそのまま食べることもあるが、腹の中身を絞り出してスパイスと混ぜた「メンダーペースト」を調味料として使うのが、その爽快な風味を楽しむのには適している。

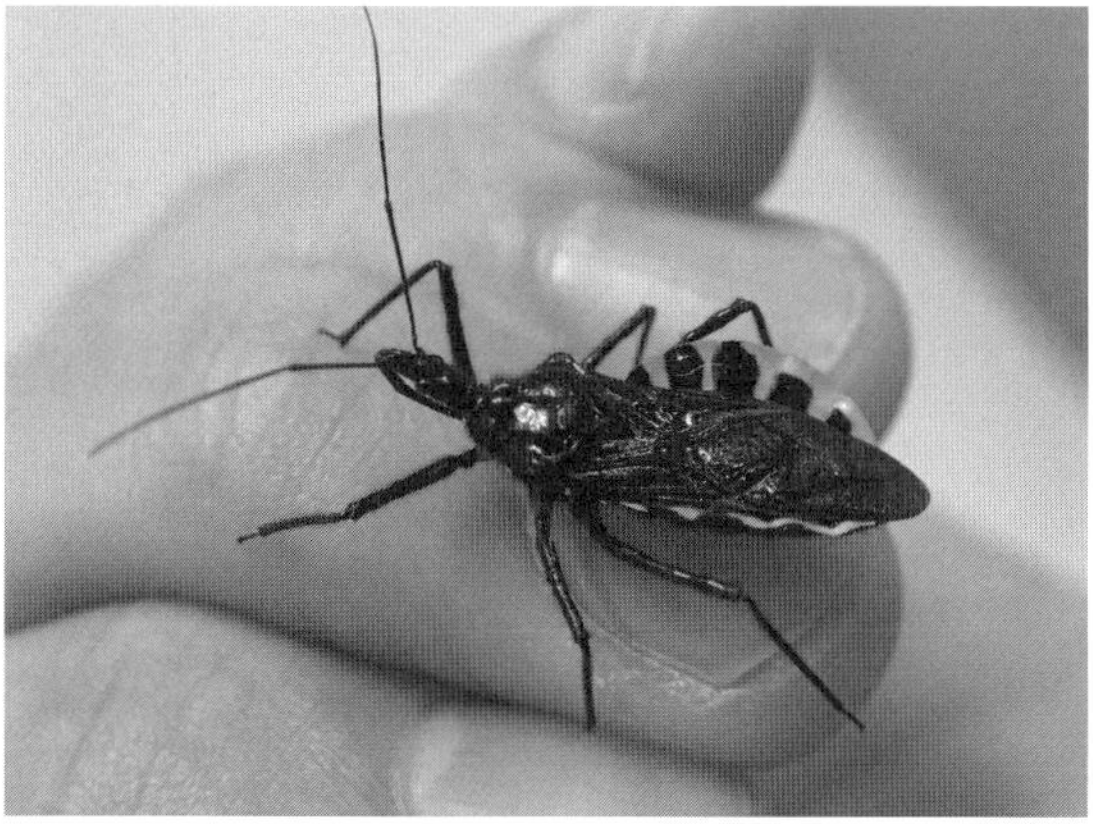

外来の肉食カメムシ、ヨコヅナサシガメ。鋭い口器と毒液で獲物を捕らえるが、ちょっかいを出すと人間も刺される。痛いから注意！

サシガメ&トコジラミ● 肉食&吸血する「恐ろしい」カメムシ

さあ、そろそろカメムシがいかにバリエーション豊富な昆虫かわかっていただけただろうか。きれいなものもいればいいニオイがするものもいるなんて、素晴らしい虫たちだろう。だが、中には恐ろしい習性をもつものもいる。肉食の有毒カメムシである。

人呼んで「サシガメ」、「刺すカメムシ」という意味の名をもつ一群だ。一般的にカメムシの多くは植物食性で、草木や果実にストロー状の口吻を突き刺してその汁を吸う。近縁のセミやアブラムシなどと同様の食事作法である。一方のサシガメはというと……お察しの通り、ほかの生き物の体へ注射針のように口を突き立てるのだ。

サシガメの食性はふたつのタイプに大別される。一般的とされるのは昆虫やヤスデなどの小動物を捕食するタイプだ。こちらはまず獲物に突き刺した口から麻酔液を注ぎ込んで動きを止める。その後、消化液を注射し、溶かした組織をすするのである。タガメやミズカマキリといった水生カメムシも同様の捕食形態をとる。恐ろしげであるが、毛虫などの害虫も捕食するため、農業や林業の世界では益虫とみなされる場合もある。

次に、私たち人間を含む脊椎動物にとりつき、その血を吸う吸血型のものだ。吸血型のサシガメは熱帯・亜熱帯地方に分布し、伝染病の媒介者として恐れられる存在である。

こう書くと、人間に害をなしうるのは吸血性の種だけだと思われそうだが、捕食性の種も扱い方を間違うと痛い目を見る。彼らはその鋭い口と強力な麻酔や消化液、すなわち毒液を狩りの道具としてだけではなく防衛手段としても用いるのだ。ゆえに、捕食性のサシガメを素手でつかむと指や手のひらを刺されてしまう。患部は腫れて激しい痛みや痒みを伴い、ひどい場合は症状が治るまでに丸1日以上を要する。特に大陸原産の外来種であるヨコヅナサシガメは大型で目を引く形態をしているため、興味本位で触れて刺される事故がしばしば起こる。実際、僕もやられた（故意）。見ようによっては美しい虫であるが、取り扱いには注意しないといけない。

未だ吸血性のサシガメには遭遇したことがないが、同じく人間の血を吸うカメムシとして有名なトコジラミ（ナンキンムシ）にはタイの安宿で刺されたことがある。彼らは壁やタタミの隙間などにひそんでおり、住人が寝ている夜のうちに血を吸う。

彼らは吸血に際して、注射針のような口吻を皮膚へ刺しこむ。このとき、血液の凝固を妨げる成分が唾液とともに皮下へそそぎこまれるが、これがアレルギー反応を引き起こすため、患者は激しい痒みに見舞われる。しかも、彼らは一度に何十匹という数で襲いかかってくるため、その苦痛たるや想像を絶するものとなる。痒みは数日間続き、熱をもつ。そのため、トコジラミのいない宿へ移ってもろくに寝つけない。さらに刺し跡が赤い斑点のように残るなど、人間への嫌がらせとしては寸分の隙もない。こんなにイヤな虫はそうそういない。

トコジラミは熱帯地方に多産するが、旅先で襲撃に遭うと以降数日間にわたって行動を阻害される。そのため、極力金を使いたくない貧乏旅行であっても、トコジラミを避けるために少々グレードの高い宿を選ぶことは重要である。そんなトコジラミだが、かつては日本にも多産し、各地でふつうに見られたとされる。殺虫剤の開発もあり現代ではほとんど見られなくなっていたのだが、最近では外国人旅行者の荷物や衣服についてくるなど再び国内各地へ侵入し、また被害が増えはじめているという。1匹の雌が数百個もの卵を産むという繁殖力の強さを考えると、不思議なことではないのかもしれない。あの痒みを経験した身からすると、たいへんに恐ろしい話である。

「美しい」「芳しい」「恐ろしい」カメムシたちを紹介した。実はもう1種類、「強い」カメムシとしてタガメがいるのだが、3章でその魅力を語り尽くそう。

どうだ。カメムシってのは奥が深いだろう。あいつらは臭いだけのイヤな虫じゃあないんだぜ。

ナナホシキンカメムシ

生息地域：南西諸島等
食性：植物
体長：17 ～ 20mm

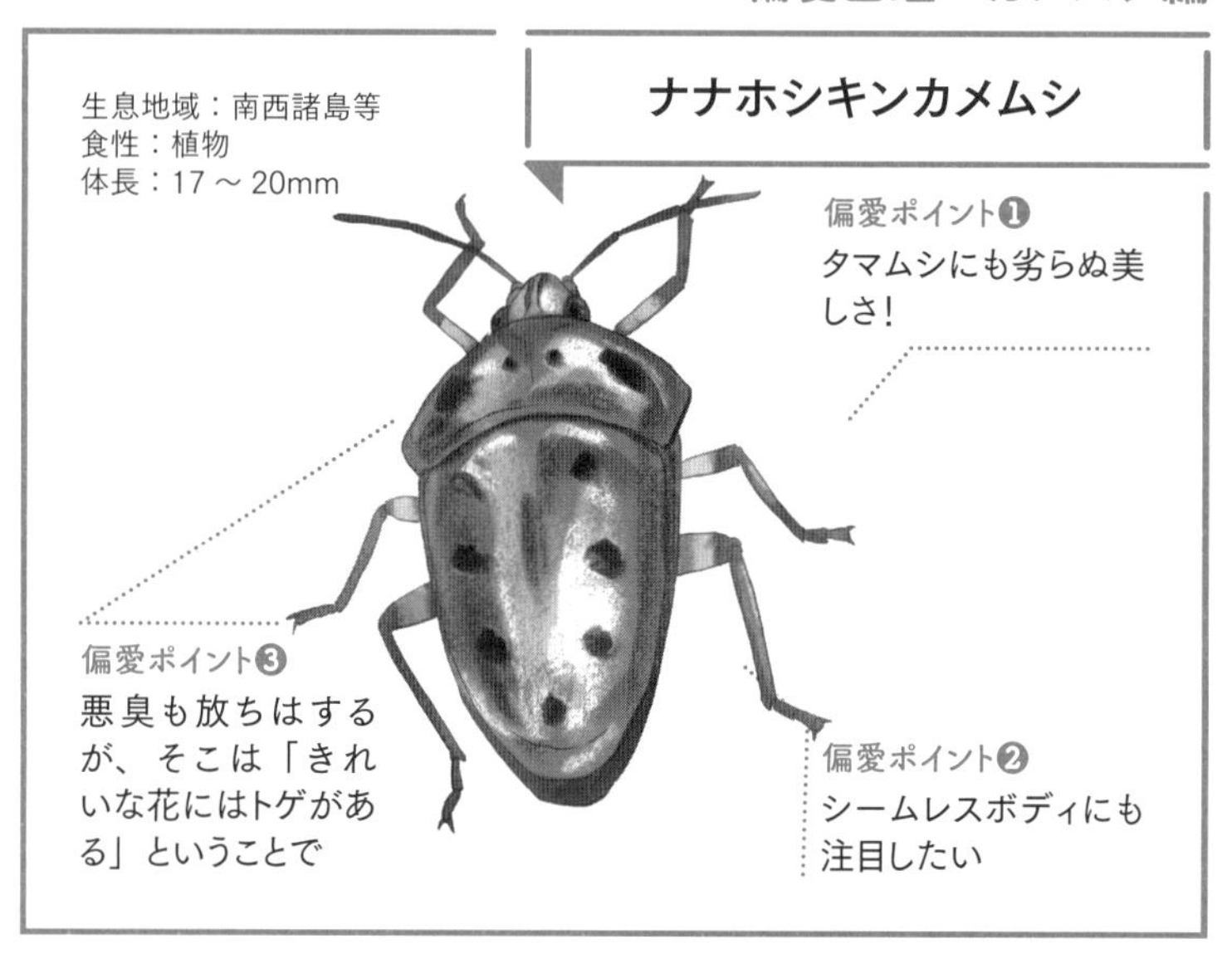

偏愛ポイント❶
タマムシにも劣らぬ美しさ!

偏愛ポイント❷
シームレスボディにも注目したい

偏愛ポイント❸
悪臭も放ちはするが、そこは「きれいな花にはトゲがある」ということで

オオクモヘリカメムシ

生息地域：北海道、本州、四国、九州等
食性：植物
体長：19 ～ 25mm

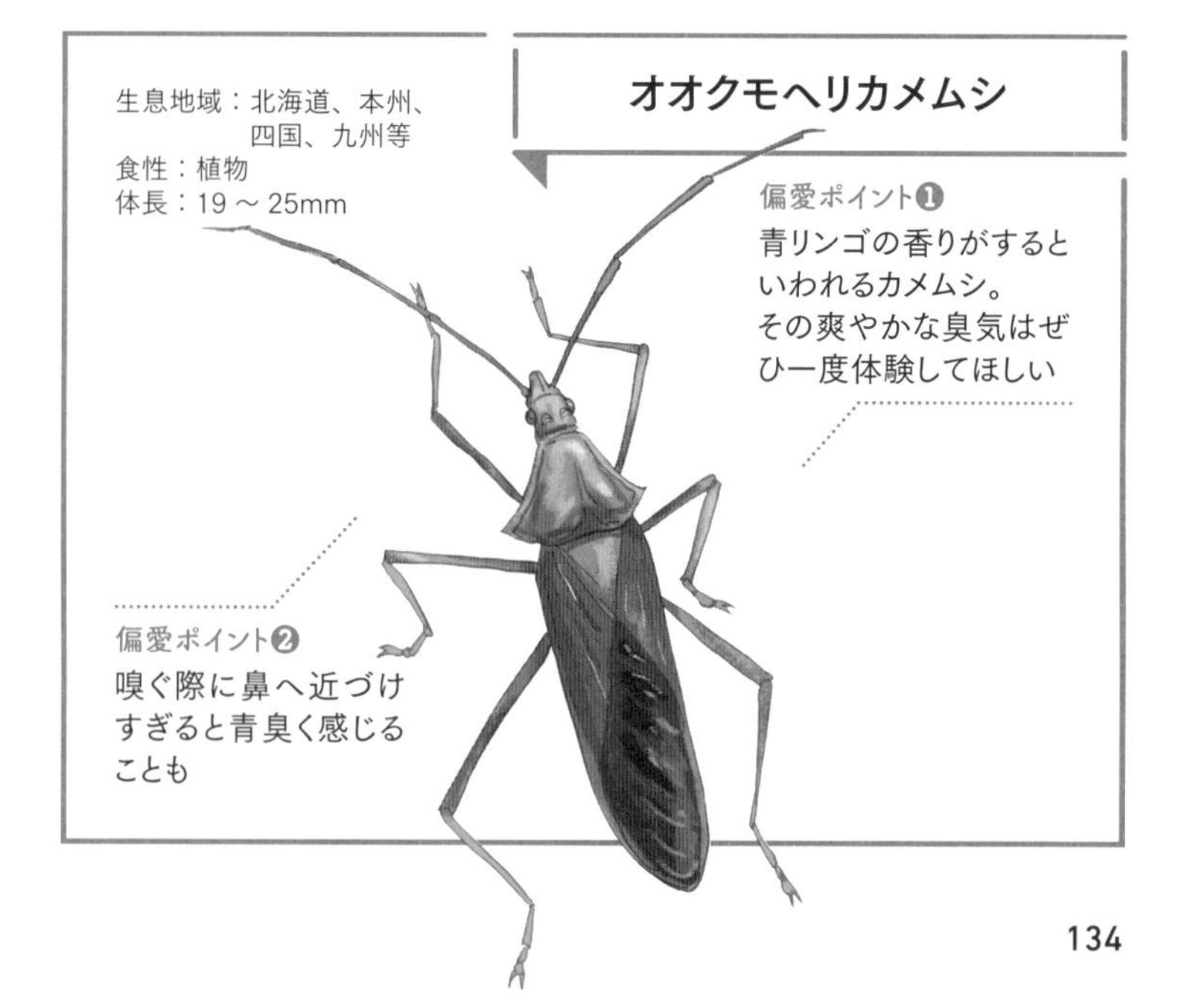

偏愛ポイント❶
青リンゴの香りがするといわれるカメムシ。
その爽やかな臭気はぜひ一度体験してほしい

偏愛ポイント❷
嗅ぐ際に鼻へ近づけすぎると青臭く感じることも

ヨコヅナサシガメ

生息地域：本州、四国、九州、東南アジア等
食性：肉食（昆虫、体液等）
体長：16 ～ 24mm

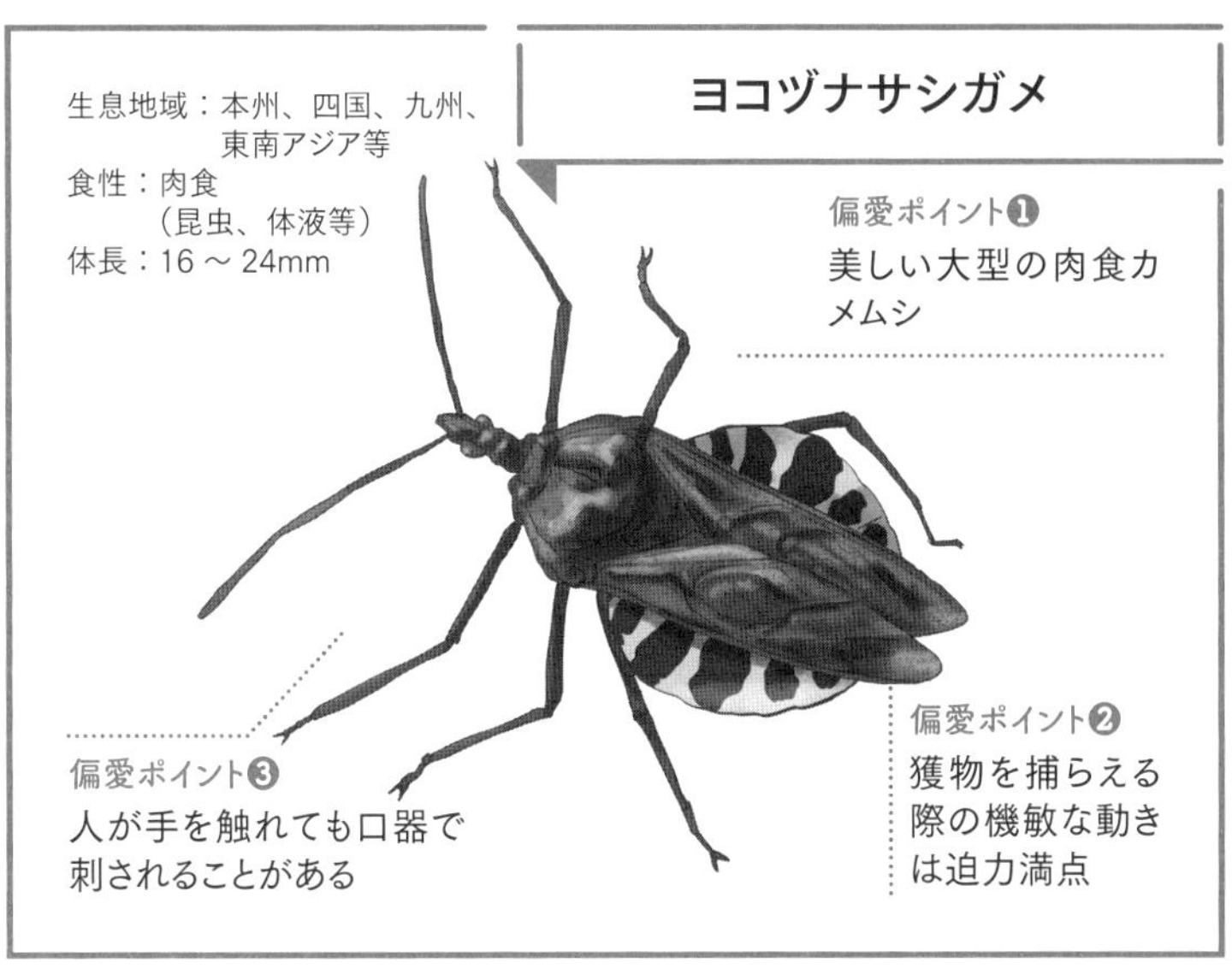

偏愛ポイント❶
美しい大型の肉食カメムシ

偏愛ポイント❷
獲物を捕らえる際の機敏な動きは迫力満点

偏愛ポイント❸
人が手を触れても口器で刺されることがある

トコジラミ

生息地域：世界各地
食性：吸血（人間や動物の血液）
体長：4.5 ～ 5mm

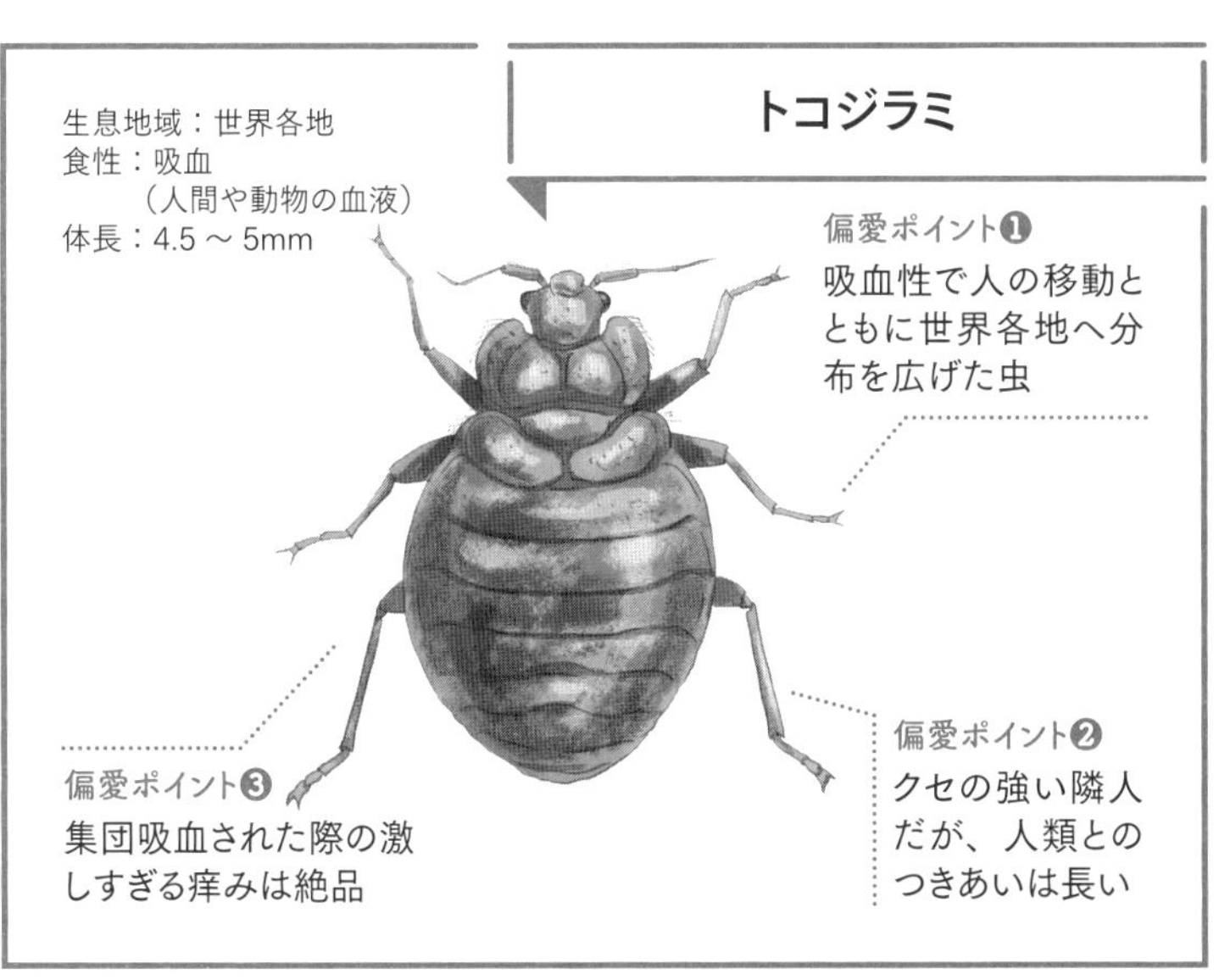

偏愛ポイント❶
吸血性で人の移動とともに世界各地へ分布を広げた虫

偏愛ポイント❷
クセの強い隣人だが、人類とのつきあいは長い

偏愛ポイント❸
集団吸血された際の激しすぎる痒みは絶品

甲虫編

両親から聞いた話では、僕が最初に覚えた生きものの名前は「イヌ」や「ネコ」などではなく「ドウガネブイブイ」だったそうな。

ドウガネブイブイとはコガネムシ科に分類される甲虫である。体色が光沢のある銅色で、ブンブンと大きな羽音を立てて頻繁に飛翔することから「銅金色のブイブイ翔ぶ虫」としてこの名がついた（カナブンも金色のブンブン翔ぶ虫という同様の由来）。

子どもがはじめて習得する生物名としてはややマイナーかつ珍妙なようだが、反復する擬音が含まれている点では「わんわん」「にゃんにゃん」などの幼児語と共通している。選ばれるべくして選ばれた感がある。

響きの面白さが印象的なのはもちろんだが、犬猫を差し置いて見初められた理由には、その姿形も大きく影響しているだろう。ドウガネブイブイはコロコロとしたかわいらしい体型をしており、大きさもアーモンドほどと幼児の遊び相手にはちょうどいいボリューム感なのだ。素手で触れても咬みつかないので安心感もある。

それから、実はこれこそが重要なポイントだと思うが、ドウガネブイブイはいわゆる「甲虫」なので体が「硬い」のだ。ちょっとやそっとのことでは潰れないため不器用な子どもの指でも安心してつまみ上げられる。この融通のきく感じが、虫をいじくり回したい、虫と遊びたいという子ども心にマッチしたのだろう。

一方でチョウはむやみに触ると翅が破れたり、鱗粉をべっとりと剥がしてしまったりしかねない。実際、やらかしたこともあった。そうなると子どもながらに寝覚めが悪い思いをするので、ドウガネブイブイを皮切りに甲虫へ傾倒していったのはごく自然なことであったろう。

それでは、ここからは生物界のマルチプレイヤーを自負している僕にとってもっとも「歴」が長い甲虫、その中でも特に熱くなった「あの虫」についてのエピソードを紹介したい。

デカくて強くてカッコいい昆虫界のスター

ノコギリクワガタ。日本において昆虫界の一番人気といえばクワガタだろう！僕も小学生時代の夏休みはクワガタ採りに明け暮れた。

甲虫の話に、みんな大好きクワガタムシは外せない。昆虫マニアたちから「ミーハー」だと言われようが「浅いやつ」と思われようが、声を大にして言いたい。3歳の頃から38歳の今でも、俺はクワガタが大好きだ！　デカくて、強くて、ツノ的なものが生えていて、しかも子どもでも捕まえて飼える存在！　そんなもん、好きにならないわけがないだろうが。

少年時代は毎年、夏になると早朝の雑木林へ分け入ってクワガタ探しに没頭していたのはいうまでもない。故郷の長崎で採れるクワガタは5種類だ。特に小さく弱々しいが愛嬌あふれるコクワガタ、スマートな体型ながら荒々しさとヒロイックさを兼ね備えたノコギリクワガタ、そして黒々とした太く重量感のある体つきが特徴のヒラタクワガタの3種が多かった。

　さらに「レア枠」として、大型かつ凹凸の多い派手な造形が売りのミヤマクワガタと、小粒ながら太いアゴをもち、背面に多数の筋が走るという唯一無二な魅力を放つネブトクワガタが加わる。特にミヤマクワガタはその彫刻のような美しさから、1匹でも捕まえれば、仲間内でヒーロー扱いされたものだった。

　ちなみにカブトムシも同様にデカくて、強くて、ツノが生えている甲虫であるが、クワガタほど深入りすることはなかった。その理由としてはまずバリエーションの貧弱さが挙げられる。日本本土で見られるカブトムシの仲間はあの立派な「カブトムシ」と、2㎝ほどと小ぶりで迫力に欠ける「コカブトムシ」の2種のみなのだ。それに比べてクワガタはコレクション性が高い。なんせクワガタは種数が多く、日本国内だけで40種以上にもおよぶのである。

　また、同じ種類であっても体長が倍以上違うものもあり、さらには体長によってアゴの形がまるで別種のように変化するのもクワガタの特徴だ。短く貧弱なアゴをもつ「小歯型」、長大で迫力あふれる形状をした「大歯型」、そして両者の中間の形状を示す「中歯型」の3パターンに大別されるのだ。当然、子どもたちの狙いはどの種類であっても「大歯型」、その中でも特大級の個体である。

　「特大級」の基準は、当時の仲間内ではノコギリやミヤマなら70㎜、ヒラタクワガタなら60㎜を超えたもの、と定められていた。しかし、これを達成するには行動範囲が限られ門限も決まっている少年たちにとって容易なことではない。毎日のように雑木林へ繰り出しても、ワンシーズンによくて2〜3匹しか採れないのだ。しかもクワガタ採りはたいていの場合、仲のいい友人ら数名で連れ立って臨むものであるから、たまに大物が採れるとその所有権をめぐってシリアスな駆け引きが生じる。

とはいえ小学生といえど多少の分別はわきまえているものである。ゆえにその際はできる限り平和的な解決策が採択される。たとえばこのようなパターンが主である。

①最初に発見した者が所有権を獲得する
②その手で捕獲した者が所有権を獲得する
③事前に「ノコギリクワガタの大物はヨシフミが、ミヤマならユーイチが持ち帰る」という具合に種別に配分の取り決めをしておく
④毎朝の採集ごとに「その日採れた最良の獲物を優先して持ち帰る権利」をメンバー内でローテーションさせる
⑤すでに飼育しているクワガタ（あるいは菓子、玩具類など）とトレードする

①は実にシンプルだ。そもそもクワガタ採集の山場は発見するまでにあり、あとは素手でつかむか捕虫網に落とし込むかという簡単な作業でしかないため、発見者に獲物の優先権が認められるのは自然なことといえる。

ただし、林道に面したクヌギの幹や明らかに怪しい樹洞など、誰であっても確実に発見できたであろう場所にいた個体に関してはその限りではない。隊列の先頭にいた者が圧倒的に有利になってしまうた

めだ。隊列の順番を争うと、常に雰囲気がピリついて楽しくないし、全員の歩調が速まるため疲れる上にサーチ効率が落ちる。これは好ましくない。ゆえに、そうしたイージーなプライズには③〜⑤のシェアルールが適用されることが多い。

またこの場合、②が適用されることはほとんどないが例外もある。たとえば同じ餌場にスズメバチがいて手出しがしにくいパターンなどは、蛮勇をふるって手を伸ばせた者が権利を獲得する。あるいは樹洞の奥深くに潜伏しており、引きずり出すのに特殊な技術や道具を要する場合はそうしたアビリティーを発揮した者が優先される。だが、こうしたケースでも捕獲者が優先権を放棄して③〜⑤の適用を提言することも少なくはない。子どもというのは意外と柔軟で思慮深い。彼らはこうして遊びの中で譲歩や気遣いを学んでいくのである。

そもそも、いかなる場合でも②が実際に採択されるのは珍しい事態である。他を押しのけて我先に獲物に手を伸ばす、という卑しく野蛮な行為を誘発するためだ。中には獲物を自らの手で捕獲した後に②の適用を主張、強行する欲深小僧もいるが、それをやらかしてしまうと確実に仲間からの反発を食らう。翌日以降は採集に誘われなくなるリスクを負いかねないのでそのような事態はごく稀だ。

このようにクワガタは時として友情よりも重くなるのだ。たかが虫、されど虫である。

世界最強のクワガタ決定戦

〜対人戦の部〜

タランドゥスオオツヤクワガタ。黒曜石のように艶めいた見た目にボリューム感のある厚み。その力はまさに「モンスター」……！

一度でもクワガタムシに熱を上げた者ならば、必ず抱く疑問がある。

世界最強のクワガタはどれか、というものだ。

クワガタの雄といえば昆虫界における強さと闘争心の象徴のような存在であり、その荒々しい魅力に人は夢中になる。ならばその頂点が気にならないはずはない。当然、僕もその真相が知りたくて仕方がなかった。だがとある夏の日、それを確かめる画期的な方法を考えついた。日本は世界的に見ても随一のクワガタ愛好国で、あらゆるクワガタが商業的に輸入、養殖されているのだ。ゆえに国内にいながらにして、メジャーどころのクワガタを揃えることができる。

そう。世界中の名だたるクワガタたちを集めて、実際に力比べをさせればいいのだ。……僕自身の指をはさませることでね。

「強さ」って「ケンカの強さ」のことじゃないんかい！ とツッコミを入れたくなる方も多かろうが、まあ聞いてほしい。たしかに雄同士のケンカの力量も気になるが、それだと足場の形状や組み合う相手の取り合わせによって結果が大きく異なることも考えられる。それに、ケンカ最強を決めるとなれば、実際に外国産の大型種同士を一対一で格闘させることになる。だがその場合、各々がもつ強靭すぎるアゴでお互いが大きな傷を負うか、あるいは絶命にまで至りかねない。それはあまりにも凄惨で見るに耐えないだろう。

しかし、単純な「力比べ」ならクワガタたちを無駄に傷つけずに済む。はさむ力、すなわちピンチ力を測定する機器は高価で手が出ないのがネックだが、そこは人体に備え付けられた「痛覚」という高性能センサーを利用すれば事なきを得られるだろう。我ながら完璧な算段である。

さて、そういうわけで国内のブリーダーや愛好家を頼って集めたのは別表（144ページ）の16選手だ。日本はもちろん、海外からは東南アジア産、そして異色のアフリカ産クワガタに参加してもらった。いずれもそれぞれの生息地における大型種揃い。その中でも特に大型の個体を可能な限り揃えた。このメンツの中から最強を選び出すとあらば、異を唱える者はほとんどいないだろう。

さて、この16選手すべてに左手の食指（人差し指）をはさんでもらうわけだが、検証にはインターバルをはさみつつ、のべ3日間を要した。その理由は、数匹にはさまれただけで指がボロボロになって日常生活に支障をきたすためである。また、あまり連続してはさまれ続けると、皮膚と肉の痛覚が麻痺

出場した16選手たち

出身地	クワガタムシ名
日本	①ノコギリクワガタ　②ミヤマクワガタ　③オオクワガタ　④ツシマヒラタクワガタ　⑤サキシマヒラタクワガタ　⑥ヤエヤママルバネクワガタ
東南アジア	⑦ギラファノコギリクワガタ　⑧セアカフタマタクワガタ　⑨アルケスツヤクワガタ　⑩ガゼラツヤクワガタ　⑪カステルナウディツヤクワガタ　⑫パラワンオオヒラタクワガタ　⑬スマトラオオヒラタクワガタ　⑭ダイオウヒラタクワガタ　⑮アルキデスヒラタクワガタ
アフリカ	⑯タランドゥスオオツヤクワガタ

して正しいジャッジができなくなることも判明し、3daysにおよぶ「大型興行」が実施された次第だ。

まず16選手にはさまれた上での総評だが、どれもたいへん痛い。当たり前だがめっちゃ痛い。

残念ながら日本産のノコギリクワガタとミヤマクワガタがぶっちぎりの最弱と判定されたが、それでも幼稚園児なら泣き喚く程度には痛むのである。外国産の大型種ともなると大人だって脂汗が止まらない。それこそ「超痛い」としか言い表しようがない極めてハイレベルな試合を見せてくれた。上位3匹の結果は150ページに掲載する。

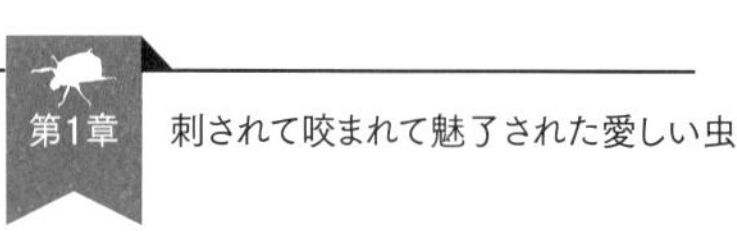

外敵の破壊と殺戮に特化した外国産ヒラタクワガタ類&ツヤクワガタ類

16匹はいずれも劣らぬ益荒男たちであったが、まず特筆すべきはその膂力と気性の荒さで有名な外国産ヒラタクワガタ類とツヤクワガタ類だろう。ミヤマ&ノコギリクワガタの仲間がもつ立体的でグリップ能力の高いアゴがあくまでクワガタ同士による縄張り争いのための格闘戦で生きるのに対し、ヒラタ&ツヤ一族のそれは「外敵の破壊と殺害」に特化しているとしか思えない力強さなのだ。

実際、野外で外国産のヒラタクワガタと事を構えて両断されるクワガタは同種同士でも少なくないと聞くし、ツヤクワガタの仲間に至っては真っ向から組み合うのではなく、相手の脚を一本ずつニッパーのように切って樹上から落とすのだという。容赦がなさすぎるのだ、この2グループは。

なお、クワガタは同種でも体格によってアゴの形状が異なる傾向がある。一般的に、幼虫時代の栄養状態が芳しくなく小柄な成虫として羽化した場合はアゴも太短い短歯型に、逆に大型に羽化した個体は長大なアゴをもつ長歯型となるわけだ。ところが、例外的にツヤクワガタの仲間では大型の個体にも短歯型がしばしば発生する。

しかも、短歯型のツヤクワガタが備えるアゴは、ニッパーのように鋭く、太く、短く、見るからに力が込めやすいであろう構造をしている。真に恐ろしいのはこの「大型短歯型」であり、このとき用意した「カステルナウディツヤクワガタ」はまさにその条件を揃えた個体だった。しかも気性が荒い。実際、試合がはじまるやいなや、手を近づけるだけで頭部を振り上げて激しく威嚇をしてきた。

カステルナウディツヤクワガタの短歯型。肉をバチンと切り裂き、すぐに離す戦い方はニッパーそのもの。

おそるおそる指を近づけると、躊躇うことなくはさんできた。結果はというと、まさにニッパー。他のクワガタたちにはさまれた場合もアゴの先端が皮膚に食い込み小さな刺し傷となって出血することはしばしばあった。だが、カステルナウディツヤクワガタはひと味違う。ざっくりと皮膚と肉が切り裂かれ、一呼吸おいたのちに鮮血が流れ出た。完全に裂傷だ。なるほど、これなら脚を切断する戦法も十分に可能だろう。恐ろしい虫である。

しかし、人間目線で考えるとまだ情けがあると思える要素がある。彼らは攻撃箇所を咬み切ると、すぐにアゴを開いて離すのだ。もちろんこれは一撃離脱、ヒットアンドアウェイの戦法であって、決して情けをかけているわけではない。だが、おかげで激痛を感じるのは一瞬なのだ。目の前が白く明滅するほどの痛みだが、それでも持続時間が短いのは被験者としてはありがたい。

一方でヒラタクワガタ類はいずれも、いったん食らいつくと最低でも数分、ヘタをすると数十分も指をはさみ続けるのだから厄介だ。はさむ力だけでいえば、特に強力なスマトラオオヒラタクワガタがカステルナウディツヤクワガタと互角。アゴの形状は短歯型カステルナウディツヤクワガタに比べれば殺意控えめだが、十分に凶悪である。よって、瞬間的な痛みと重症度でいえばカステルナウディツヤクワガタに、痛みの持続性ではスマトラオオヒラタクワガタに軍配が上がる形となった。

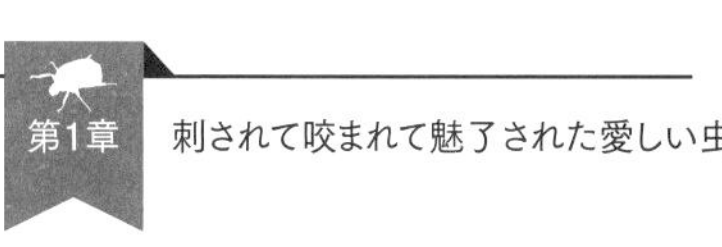

制御のきかないモンスター「タランドゥスオオツヤクワガタ」

そんなこんなでどうやらこの2匹こそがツートップだろうと思われていたのだが、伏兵がいた。アフリカ大陸出身のタランドゥスオオツヤクワガタだ。

タランドゥスオオツヤクワガタは厚みのある体にメッキのような光沢、そして湾曲した鋭いアゴという個性的なビジュアルを誇るアフリカ最大のクワガタである。とはいえ、スマトラオオヒラタクワガタと比べればひとまわりほど体格は小さいし、アゴの形もカステルナウディツヤクワガタほど恐ろしげではない。パッと見たところの印象でいえば、とても最強候補とは思われない姿といえる。

だが、やや気の抜けた状態でコイツにはさまれた瞬間、全身が硬直した。信じられないほどに痛いのだ！　あまりの痛みに身動きがとれなくなってしまった。その力はスマトラオオヒラタクワガタに勝るとも劣らず、だが彼ら以上に鋭いアゴ先がズクズクと肉に食い込む。その上、気性の荒さと咬合の持続性はピカイチときている。痛みのあまり手を動かそうものなら、その振動に反応してさらに力を込めてくる。降参できない関節技を極められている気分だ。

さらに、思いきり指を締めつけつつ、全身を携帯電話のバイブレーション機能のように振るわせてくるのだ。実際、震えている際にはヴィーンヴィーンという音が聞こえる。これは本種特有の行動で、威嚇の意味があるらしい。これがまた患部に響いて精神的にクるのよ……。しかも数十分も続く。地獄だ。

ちなみに、クワガタに指をガッチリはさまれた場合に使える裏技がある。スプーンや硬貨などの金属製品で背中をやさしくこすると、なぜか慌ててアゴを離すのだ（沖縄のクワガタ愛好家に教えてもらった方法なので、僕は「沖縄式クワガタはずし法」と呼んでいる）。かの暴君・スマトラオオヒラタクワガタですら、この技を駆使すればあっという間にブレイクしてくれる。

ところが、タランドゥスにだけはなぜか通じない。まるでレフリーのブレイクコールを振り切って大暴れするラフファイターのようではないか。そんな問答無用、暴れんぼうぶりも加味すると、本種を最強の座に据えざるをえない。

というわけで、世界最強のクワガタはタランドゥスオオツヤクワガタに決定したのであった。

あくまで僕個人による判定ではありますが、異論のある方はとりあえずタランドゥスとカステルナウディとスマトラオオヒラタクワガタに実際にはさまれてみてからお便りをお送りください。

偏愛図鑑　クワガタ編

ミヤマクワガタ(雄)

生息地域：本州、四国、九州等
食性：樹液
体長：43 〜 72mm

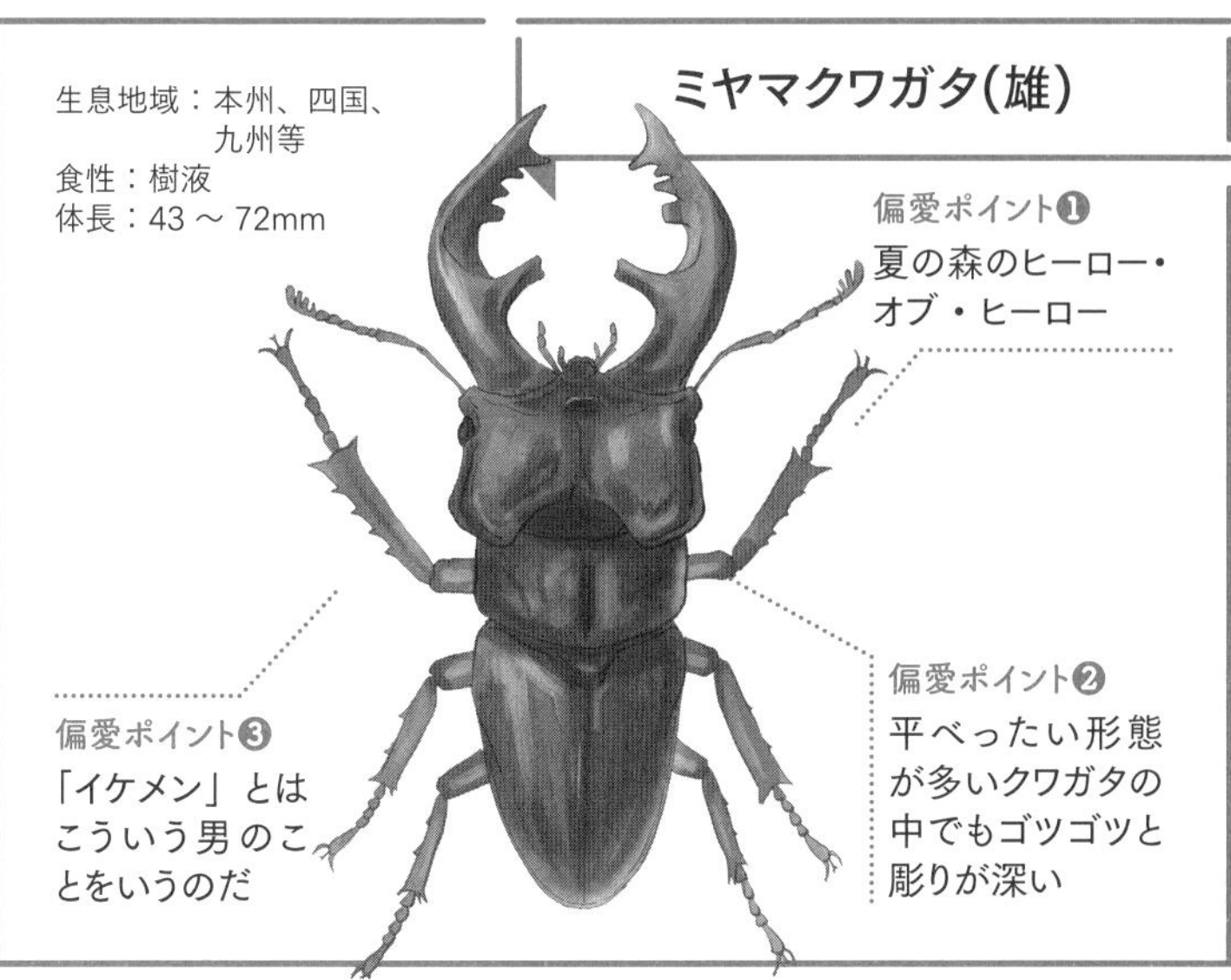

偏愛ポイント❶
夏の森のヒーロー・オブ・ヒーロー

偏愛ポイント❷
平べったい形態が多いクワガタの中でもゴツゴツと彫りが深い

偏愛ポイント❸
「イケメン」とはこういう男のことをいうのだ

アルキデスヒラタクワガタ(雄)

生息地域：スマトラ
食性：樹液
体長：33 〜 102mm

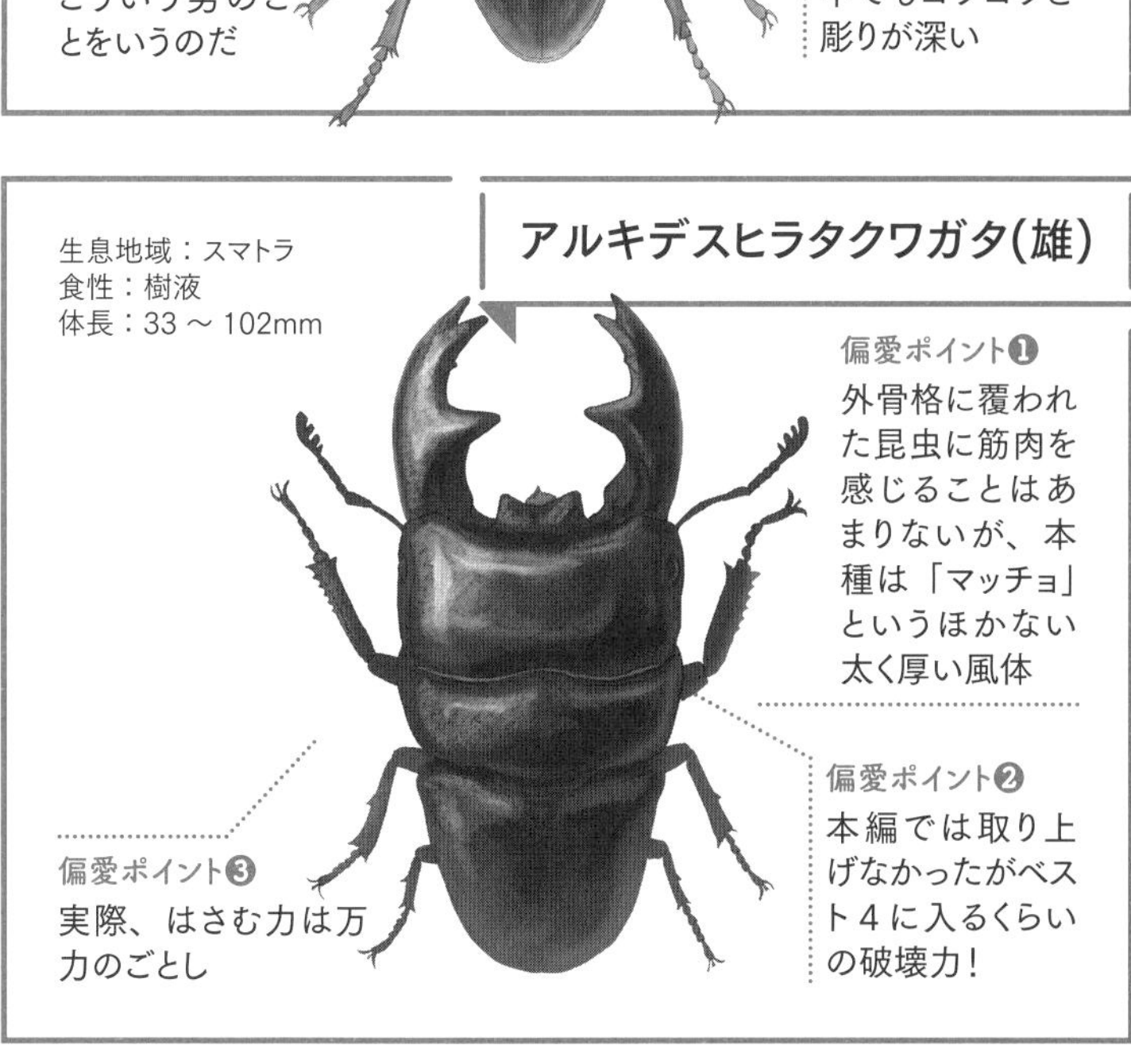

偏愛ポイント❶
外骨格に覆われた昆虫に筋肉を感じることはあまりないが、本種は「マッチョ」というほかない太く厚い風体

偏愛ポイント❷
本編では取り上げなかったがベスト4に入るくらいの破壊力！

偏愛ポイント❸
実際、はさむ力は万力のごとし

結果発表

1位

アゴ先の鋭さ、気性の荒さ、
咬合力で文句なしのNo.1!

タランドゥス
オオツヤクワガタ

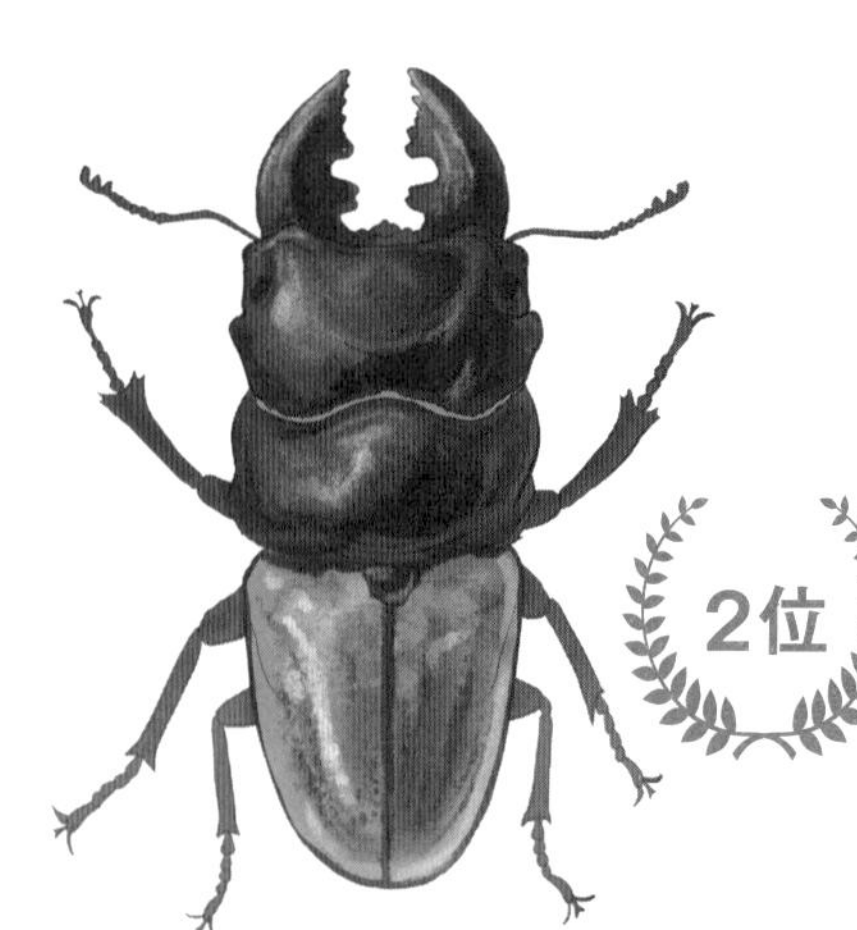

2位

皮膚と肉を切り裂く
殺傷力が決め手

カステル
ナウディツヤクワガタ

一度食らいつけば離さない、
脅威の持続力!

スマトラ
オオヒラタクワガタ

第2章 虫の魅力を胃で知る

実食編

虫のことを深く、それでいて手っ取り早く知るには、自分でとっ捕まえて手に乗せて眺めるとよい。決しておすすめしないが、咬まれたり刺されたりするのも効果的である。……というのは第1章を読んだ方なら、なんとなく理解してくれたのではなかろうか。

たしかに僕は「ふつうの人」よりはいくらか虫に傾倒した人生を送っているし、そこそこ詳しい部類に入るだろう。だが、世の中には「虫だけに」すべての時間と情熱と偏愛を注ぐ者たち、通称「虫ガチ勢」またの名を「専門家」が少なからずいる。その点でいえば僕は虫以外にも魚だトカゲだ草だ貝だと節操がない。いつでもキョロキョロしている。ゆえに、どうしたってそれぞれへの理解は相対的に広く浅いものとなる。そんなことだから虫専門だろうが魚専門だろうが、尊敬してやまないガチ勢諸氏には到底かなわない。

だが、それでもせめて彼らの足元にはおよびたい。好きな虫のことをもっと知って、もっと虫を好きになりたい。常々そう思ってきた。そこで僕は自分の知識と経験を少しでも「広く深く」するために「捕まえて、その特性を身をもって味わう」という手段をとっているのだ。

フィールドにだって毎日出られるわけではない。一生に一度しか出会えない虫だっているだろう。ならば、僕は限りある出会いをしゃぶり尽くしたい。五感はフル活用しなければもったいない。だから、捕まえた虫は触るし、見つめるし、鳴き声を聴くし、ニオイも嗅ぐし、毒があるなら刺される。あと、食べることもある。

……食べるのはやりすぎ？　いえいえ、基本です。人間が他の生物を知る上での基本です。我々が生物を知るにあたり、もっとも重大な事柄はその生物が「人間に危害を加えないか」そして「食物となり得るか」の2点なのだ、と思っている。

食すことでまずうまいか不味いか、体にいいか悪いかを、主に舌と胃腸で確認する。そうすることで食物資源として人間の暮らしに貢献する可能性を推しはかるわけだ。これは太古の昔から、それこそまだ我々が猿だった頃よりもさらに過去の時代から脈々と続けられてきた生物学実験なのだ。使用するのは舌という対化学物質センサーである。

さらにいえば、より踏み込んだ考察を味を通じて行うことで、その虫の特性をより深く学ぶことも可能だ。味には虫たちの生態や進化の歴史までもが反映されているからだ。

一体それはどういうことか？　いくつかの例を見ていこう。

茹でシロスジカミキリの幼虫

シロスジカミキリは日本最大級のカミキリムシ。そしてその幼虫は日本最美味の昆虫のひとつだろう。味だけでなく食べごたえも◎。

孫にも食べさせたい絶品食材

このところにわかに昆虫が食材として注目を集めている。資源量を確保しやすい「昆虫食」が来たる食糧難の時代を救う……というやつだ。

人によって賛否が分かれる話題であるが、個人的には賛成である。おそらく高い確率で到来する危機的な事態に対して備えをしておくことは重要だ。その点において、家畜に比べてライフサイクルが短く養殖が容易な昆虫は優秀な材料となりうる。

だが同時に、昆虫を食べなくても済む未来を強く望んでいる。もちろん、昆虫を食べることに忌避感を覚えているわけではない。現在はまだ一般的ではない昆虫がメジャーな食材として食卓にのぼるほど、食糧資源面で追い詰められた未来を次世代に残したくないのである。

それから、単なるタンパク源ではなく食材として昆虫を捉えた場合、味のよし悪しにも軽々しく甘い評価は下せない。こちとら決して少なくない種類の昆虫を食してきたが、正直にいって現行のタンパク源──畜肉、鶏肉、大豆、エビやカニを含む甲殻類に素材の味で勝るものは残念ながらほとんどなかった。「虫にしては」おいしい、だとか、「思いのほか」悪くない、などゲタをはかせる枕詞がつきまとうのである。

僕自身がタイワンツチイナゴの節で表したように、よく「バッタはエビの味」と評される。だが、それも一部は正しいものの、全体的には間違いである。たしかにバッタの風味にはエビと似た部分もあるが、海産エビのような強い甘みやプリプリとした食感はない。そのためバッタは唐揚げや佃煮など素材そのものの味を大きく変える料理にすれば十分においしい。だが、それ以外の調理法がいまひとつマッチしない。エビに比べると合うメニューの幅が狭く、その点で単なる食材としてはバッタが一歩譲る形となる。

とはいえバッタは優れているほうで、同じバッタ目のコオロギなど他の食用昆虫候補たちはよりクセが強く、素材の味を生かす調理法は限られる。

昆虫は料理の材料というよりも、加工食品の原料として粉末やペースト状にして他食材に混ぜ込むような利用法が当面は現実的だろう。

もし万が一にも将来的にタンパク源としての畜肉や魚介がすっかり昆虫にとって代わられる事態になったら、既存の食文化は大きく衰退するだろう。しかし子や孫らの世代にも、ぜひうまい肉や魚を使用した料理は食べてもらいたい。いざという事態に備えての昆虫食研究は応援しつつも、「誰もが昆虫を日常的に食べなければならない世界にはなってほしくないなあ」と考えている次第である。

だが世の中は広いもので、他のあらゆる食材と並べても引けをとらない「真に食材として美味な昆虫」も存在する。

カミキリムシの幼虫だ。

こればっかりは何度だって食べたいし、自分に子や孫ができたら是が非でも食べてほしい。心からそう思える虫である。「虫にしては」などと断りを入れる必要のないうまさなのだ。

カミキリムシは英語圏ではロングホーンビートル（longhorned beetle）と呼ばれる通り、オリックスの角のように長い触角をもつ甲虫である。カミキリムシはバリエーション豊かな虫で、その種類は日本だけで800種以上、世界では3万5000種以上にも達する。

その中でも僕が実際に食べてみて、とりわけ「もっと食いたい！」と思ったのが日本でも広く見られる「シロスジカミキリ」の幼虫である。

シロスジカミキリは成虫で体長5㎝ほどにもなる日本最大級のカミキリムシだ。数字で見るとたいしたことなく感じられるが、その体は葉巻のようにボリューミーで、異様なほど大きく映る。本種は里山を代表する昆虫のひとつで、クヌギやコナラの樹液に訪れるのだが、同じく雑木林の王者たるカブトムシやクワガタムシと樹液酒場で相席しても、その存在感と迫力はまったく引けをとらない。

それほど巨大な甲虫であるから、当然ながら幼虫もたいへんに立派だ。シロスジカミキリは、チョウやクワガタと同じく幼虫から蛹を経て成虫になる「完全変態」を遂げる虫（※バッタやセミなど蛹の期間を経ないケースは「不完全変態」）であるから、その幼虫はいわゆるイモムシ型の姿をしている。

その太さは成人男性の親指ほどにもなり、長さは成虫をはるかに凌ぐ8㎝前後にも達する。味もさることながら、この量感に富んだ体格も僕がこの虫を食材として推す理由だ。国産昆虫の中でもトップクラスに食べごたえがある。また、リブ状に凹凸のついた白いボディも相まって、フライドポテトの一種である「クリンクルカットポテト」を彷彿とさせる。

さて、これほど大きな虫が里山にいるとなれば発見も捕獲も容易なはずだが、実際はそうでもない。なぜなら彼らは木の中、つまり幹の内側に棲んでいるためだ。シロスジカミキリの幼虫時代は生きたクリの木の樹幹内で、その芯を食い掘りながら過ごすのである。そのため、彼らは成虫となって幹の外へ飛び出すまで人目につくことはほとんどない。

だが、よりにもよってとりつく樹種が果樹として重要なクリであるから、人間側としても「はいそうですか」で済ませるわけにはいかない。シロスジカミキリが巣くったクリの木は幹の中心付近をトンネル状に貫かれるため、樹勢は著しく弱まり結実が減る。木自体の寿命も縮まるため、クリの栽培者にとっては死活問題となっている。

また、この習性は同時に、「シロスジカミキリの幼虫が食いてえ！」と思っている僕にとっても大きな障壁となる。この珍味をたった1匹でも入手するためには、クリの木をチェーンソーで切り倒さなければならないからだ。

さて、ここからはその障壁を乗り越えてシロスジカミキリの幼虫を収穫、試食に至った際のエピソードをお話ししよう。

幼虫を求め、クリの木を切り倒す

はじめてその機会を得たのは2018年の春だった。あるテレビ番組の制作会社が「変わった生物を捕らえて食材にする」という企画を撮影するにあたり、「食べてみたい生物はいないか」と僕に訊いてきたのである。ダメ元で、「カミキリムシの幼虫は基本的に味がいいので、日本最大種であるシロスジカミキリとか絶対面白いし超おいしいと思うんですけどねえ〜。個人でトライするにはいかんせんハードルが高くてねえ〜」と伝えてみたところ、数週間後には「クリに注力している果樹園の許可をとりつけた」と連絡があった。

シロスジカミキリに何度も芯を食われ、余命幾許もないクリの木を「いずれ切るものだから」と伐採を許してくれたのだという。とはいえ、伐採後の始末などに手間はかかるので謝礼は支払ったらしいのだが……。よく交渉したものだ。恐るべし、テレビ局の経済力と行動力。人生でもっともテレビの力に感謝した瞬間だった。

さて、撮影当日に千葉県某所にある件の果樹園を訪問してみると、あるわあるわ。広大な敷地に百を超えるかという本数のクリの木が立ち並んでいる。ただ、チラホラと素人目に見ても明らかに樹勢の弱まっている株が目につく。一部の枝は枯死しており、叩くと乾いた音がする。さらに、根本近くの木肌には丸い穴が口を開け、内側からおがくずのようなものが吹き出している。協力してくださった果樹園の経営者は「こういうのが鉄砲虫にやられて弱っとる木」だと語る。

鉄砲虫というのはシロスジカミキリをはじめとする樹木につくカミキリムシの幼虫の総称で、幹の中心部に鉄砲で撃ち抜いたような坑道を掘ることに由来する、という説もある。幹からあふれるおがくず状のものは幼虫が木を食ったあとに出る食べかすらしい。

「こういう木は遠慮なく切っていいぞ」とチェーンソーを渡される。とはいえ、外から見た限りでは幹内のどこに幼虫がいるかは判断しようがない。とりあえず根本の方から切り倒し、あとは穴を覗き込みながら梢へ向けて薄く輪切りにして追い詰めることにした。

チェーンソーの電源を入れ、木の肌へ押し当てる。けたたましい駆動音とともに、想像以上の軽快さで刃が進む。これは文明の利器の力が凄まじいのか、はたまたそれだけクリの木が痩せ弱っていたのか。自分より高さも重量もはるかに大きな樹木があっけなく倒れた様を見て、なんとも申し訳ない気持ちがした。

いずれは切られる予定だったとはいえ、これまで何年もこの地に根を張り、実りをもたらしてくれたクリの木の命をこの手で断ったのだ。罪悪感とまではいかないまでも、多少の感傷を覚えたのは事実である。

こう書くとずいぶん善人風だが、そもそもこの株を切り倒した理由はその内側に暮らす罪もない虫を引きずり出して食うためだ。一寸の虫にも五分の魂というが、シロスジカミキリの幼虫は三寸ほどにも

衰弱したクリの木は内部が穴だらけ！何年にもわたって複数のシロスジカミキリに食われ続けてきたようだ。

なるので一割五分の魂を頂戴することとなる。けっこうでけえよな、15パーって。覚悟せねば。

というわけで気持ちを切り替えて幼虫探しを進める。切り倒した幹には少なくとも4つの坑道が確認できた。いずれも僕の親指がすっぽりと収まるほどの直径だ。ほとんどの坑道は内側が黒ずみ、いかにも築年数が古そうな雰囲気で、過去に複数の個体がこの木の中で成長し、立派なカミキリムシとなって巣立っていったことを意味している。その中でもひとつだけ色の淡い内壁をもつ新鮮そうなものがあった。これに違いない。この坑道の先にシロスジカミキリがいる！

坑道内をライトで照らしながら覗き込む。幼虫の姿を視認できなければ数cmの厚みで輪切りにし、あらためて覗き込む。姿が見えるまでこの作業を繰り返す。穴の空いたバウムクーヘンのような木片が傍にいくつも積み上がってきた頃、坑道の先に白いモノが照らし出された。

「いた！　シロスジカミキリの幼虫だ！」

かすかにうごめく白い塊を傷つけぬよう、ギリギリ手前まで幹をスライスし、坑道とその塊の隙間へ草の茎を差し込み、掻き出す。

ムリムリ、ゴロン。と転がり出たのは丸々と太った幼虫だった。

メタモルフォーゼの莫大なエネルギーを味わう

プリリと弾力のある、アイボリーの体が食欲をそそる。ナッツしかり、クリしかり、ホタテしかり、ニンニクしかり。この手の色の食物はうまいと相場が決まっているのだ。さっそく食べてみよう。

さっと茹でてかじってみると張りつめた薄い外皮がプッンと弾け、トロリとした内容物が口に広がる。虫を食べている場面だと考えると気味が悪く思われるかもしれないが、どっこいコイツがやはりうまいのである。

まず、味わいが濃厚だ。舌触りはクリーミーで、味はナッツのように脂っ気が強く、甘みとうまみに富む。これはある種の「滋味」であり、栄養価の高さがそのまま味に表れていると考えられる。特に脂肪はエネルギー源として生物の体内へ貯蔵するものであり、来るべき「一大事」に使用されるはずだ。

たとえば魚類は繁殖期を迎える直前に脂が身に乗るものが多いが、これはやがて卵巣や精巣を発達させるために消費される。シロスジカミキリの幼虫の場合、目先の「一大事」はなんといっても蛹を経て成虫へと変態することだろう。カミキリムシが行う完全変態とは幼虫の体をいったんドロドロに溶解して、まったく構造の異なる成虫へと再構築するという極めて大掛かりなメタモルフォーゼである。莫大なエネルギーを消費することは想像に難くない。さらに、その間は食物を摂取することができないため、必要な養分を幼虫時代のうちに体内へ蓄えておく必要があるのだ。そりゃあ滋味深くもなるというものだ。

さらにこの虫のうまさを不動のものとしている要素は、「雑味のなさ」だろう。

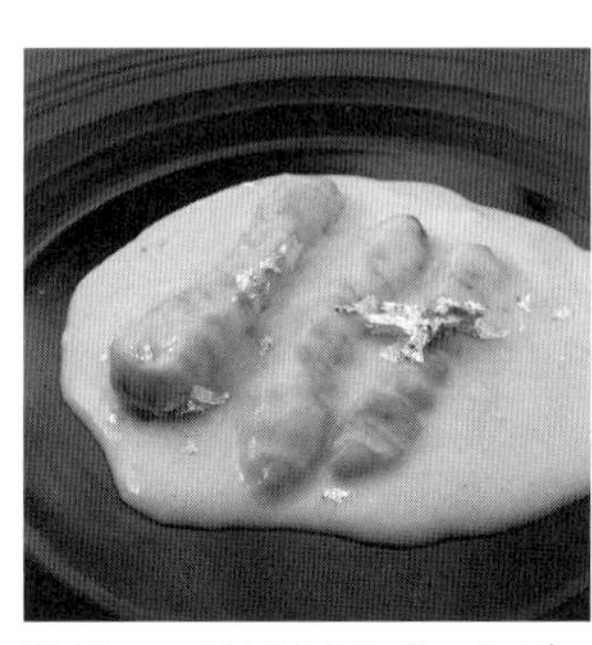

茹でシロスジカミキリのゴルゴンゾーラのソース仕立て。シンプルな塩焼きや塩茹ででも十分に美味。

ふつう、虫たちの体には外敵に捕食されないための工夫が施されている。甲虫の成虫は硬い外骨格で身を守っており、なんとか噛み砕けたとしても歯ざわりが悪く消化もよくない。シロスジカミキリの成虫は鳥のくちばしを弾くほど硬くて食べづらく、食材としてはどうしようもない。アゲハチョウの幼虫の場合、体こそ柔らかいが、頭部にツンとくるニオイを放つ「肉角」なる器官を備えているため、鳥に捕食されない。バッタは外骨格も比較的硬い上に脚にはトゲが生えており、捕食者の口腔内を傷つけることもある、といった具合である。いずれも、彼らを食材とみなした場合はマイナスに働く要素だ。

ところが、だ。シロスジカミキリ幼虫の体には食味を邪魔する自衛策がまったくといっていいほど見られない。毒や悪臭、苦味はなく、薄い皮にも物理的な武装はない。クセのない良質なクリームを、薄く柔らかな皮ではち切れんばかりに包んだ、天然の腸詰といったところである。

なぜこんなにも無防備なのか？　それは木の幹の中で暮らす生き方が、限りなく理想的な鉄壁の守備となっているためだろう。

なんせ、これだけ大きな体軀と知能を備えた人類ですら、彼らを捕食するには最低でも斧、できれば今回のようにチェーンソーという文明の利器を必要とするのだ。大抵の捕食者は当然ながら手も足も出ない（ある種の寄生蜂やキツツキなど、天敵がいないこともないのだが）。二枚貝やらウニやら、守りの固い生物には味のよいものが多いが、シロスジカミキリはその究極形といえよう。

ほら、食べてみるとわかるだろう。虫の味にはその虫の生態が反映されるということが。うまさにも不味さにも、理由があるものなのだ。


ちなみに、カミキリムシの幼虫は昆虫食を研究している方々の間でもその優れた食味から人気が高い。かの有名なJ・A・ファーブルも名著『昆虫記』の中でカミキリムシの幼虫の味わいを絶賛している。その道ではたいへんよく知られた食材なのである。

ただし、カミキリムシの幼虫は食用昆虫としては致命的な欠陥がある。それは大規模養殖が極めて難しい点である。昆虫食の目指すところは主に「食糧難の解決」であり、低コストで大量に養殖可能であることが求められる。ゴキブリやらアメリカミズアブやら繁殖力旺盛な害虫が有力な食材候補に上がっているのはそこに理由がある。それらは生ゴミなどを餌にして飼育繁殖することが可能だからだ。

その点、生木の芯を食うカミキリムシは話にならない。仮にシロスジカミキリを養殖するとなれば大量のクリの木を育てた上でそこへ卵を産みつけ、数年かけて終齢幼虫まで育てあげたところで木を切り倒して幼虫を収穫……というあまりに馬鹿らしいシステムを構築することとなる。おとなしくクリを収穫したほうが遥かに食料供給に貢献することだろう。シロスジカミキリだったら毎日食べてもいいくらいなのだが、これじゃあ普及はまず無理だ。いずれ昆虫食が一般化する未来が訪れたとして、この虫は現代におけるマツタケのような天然モノオンリーの超高級食材として扱われるに違いない。

バナナナメクジの串焼き

カラーリングとシルエットが熟したバナナそっくりなバナナナメクジ。ネイティブアメリカンはこれを食べていたらしいが……？

バナナにそっくりなナメクジはおいしいのか？

身を守るための自衛策がない虫はおいしい。シロスジカミキリ幼虫を例にそんなことを語ってきたが、その理屈でいくと殻を失った巻貝であるナメクジだっておいしいはずだ。というわけで、ここからは外国産の巨大で美しいナメクジ、その名もバナナナメクジを食べた際のエピソードを紹介したい。

バナナナメクジとは主にアメリカのカリフォルニア州に分布するナメクジで、その名の通り見た目がバナナにそっくりなことで知られる。それだけでも十分に魅力的なのだが、さらにこのナメクジをかつてネイティブアメリカンたちが食用にしていたというのだ。そんな魅力的な情報を仕入れてしまっては、試さずにはおれないというものだ。

ところでカリフォルニアといえばウエストコースト、カラッと乾いた爽快な気候で知られる。ジメッとした環境を好むナメクジには似つかわしくない気もする。そしてカリフォルニアといえばビーチだが、そういう塩っ気のある場所には目もくれない。ひたすら内陸を目指して車を走らせる。だって塩はいかんよ。溶けちゃうからね。ナメクジは。

やがて塩の香りが感じられなくなり、眼前には針葉樹林ばかりが広がる。この針葉樹林こそが、バナナナメクジの生息地なのである。現地の方から多くのナメクジが目撃されているトレッキングコースを教えてもらいさっそく分け入るが、なかなか見つからない。さすが西海岸。空気も地面もカラッカラに乾燥しているのだ。

ならば湿気のたまりやすい倒木の樹皮下にでも潜んでいるんだろう。いや、いない。なら樹洞の奥だろう。やはりいない。地面に積もった落ち葉の下か？　いない！　岩の裂け目には、キャンプ場に積まれた薪の山には……やっぱりいないい‼

いかにもナメクジが集まりそうな、日本ならば「鉄板ポイント」になるはずの環境をしらみつぶしに探すも、バナナナメクジの姿は一向に見つからない。多湿な日本ならば湿気がこもってジメジメしているような場所でも、カリフォルニアの気候下ではどうにも乾き気味でナメクジが居着かないようだ。

日本で培ってきたセオリーが通じないので手当たり次第に探し回ること数十分。なんとか最初の1匹を見つけたのだが、その環境が「ああ〜、そこっすかー」というところ。それは涸沢の谷底。しかもかなりの数がここに密集していて、ついさっきまでの苦戦がうそのように、次から次へとバナナナメクジを収獲することができた。たしかにここなら常に湿気があるよね。目からウロコ。また少しだけ、ナメクジという生物について詳しくなれた気がした。

それにしてもこのバナナナメクジときたら、その名の通りカラーリング、形状、サイズと各要素ともなかなかにバナナそのもの。それでいてナメクジでもある。ちなみにバナナナメクジと呼ばれるナメクジには3種が知られているが、今回捕まえたのは黒斑が多く黄色がくすみがちなパシフィック・バナナスラッグ（*Ariolimax columbianus*）という種である。バナナはバナナでも、熟してハニースポットの浮きまくったバナナだ。他の2種はもっと鮮やかで黒斑の少ないフレッシュバナナタイプだというが、いずれそれらも観察してみたいものである。

バナナナメクジを手に取って眺めていたら、次第に妙な気持ちになってきた。グリグリ動くつぶらな瞳に、ボディーのうねりに、表皮のテカリに、胸がときめく。想像以上にずっとかわいらしい生きものだ。ナメクジというと「不快害虫」として扱われることもあるなどなにかと気味悪がられがちなものだが、本種には気持ち悪さやグロテスクさなんて微塵も感じられない。バナナナメ、かわいすぎる。

一見ド派手、実は保護色？

実に面白く、見れば見るほどかわいいナメクジだが、なぜこんなバナナカラーなのか。

黄色なんて自然界ではとびきり目立つ色だ。ハチのように毒をもっているなら警戒色とも考えられるが、バナナナメクジに関してそんな話は聞かない。その理由は林床を見渡してみると理解できた。あちこちに黄色い落ち葉が散乱している。カリフォルニアの気候区分は日本と同じく温帯に属し、植生は落葉樹が多くを占める。その中には日本でいうイチョウのように黄色く紅葉して葉を落とすものも少なくない。つまり、一見するとド派手なバナナナメクジの体色はおそらく落ち葉への擬態、つまり保護色であると考えられる。ユニークな見た目にもその生物特有の生態が反映されているものなのだ。

さて、その見目麗しさを堪能したところで、ついに試食に臨む。

先ほども触れた通り、このバナナ柄のナメクジはかつてネイティブアメリカンによって食べられていたと伝えられている。彼らはなぜこれを食べたのか。どういう味なのか。かつての食文化をトレースすることで、一体何がわかるのか。一見すると品性下劣なゲテモノ食いチャレンジのようであるが、これは知的好奇心を満たす高尚な試みなのである。僕の中では。

ちなみに現地の人に聞いてみると「そんな話も聞いたことがあるが、現代では考えられない」とのことであった。さもありなん。

まずは下ごしらえを行う。インターネット上で得られた資料に「ネイティブアメリカンは酢で体表の粘液を落としていた」という記述が見られたので、その通りにボウルの中に酢を溜めてもみ洗いをしてみた。だが、酢をかけても粘液は白く泡立って凝固するばかりでなかなか落ちず、奇しくも皮を剥いたバナナのようになってしまった。

これではいかん！　と、さらに白ワインを使って洗う。だが、しごいてもこすってもしぶとく粘り気が残り続ける。こんなにしつこい粘液をもつナメクジははじめてだった。他のナメクジやカタツムリは酒で洗えばすぐぬめりが落ちるが、バナナメにはてんで通用しない。おそらく乾燥した気候に耐えるため、粘液の粘度とストック量を増やす方向に進化した結果なのではないだろうか。

生臭い粘液を酢や酒で洗うが、泡立つばかりでほとんど落ちない！乾燥した気候へ適応した結果だろうか。

そもそも、巻貝にとって最大の防具である貝殻を進化の過程で捨て去ったナメクジにとって、捕食者からの攻撃を防ぐ意味でも粘液は重要なものである。貝殻が物理的な装甲であるのに対し、粘液は化学的なバリアなのだ。

調理の工程ではこのように、その生物が環境へ適応するための特徴が見て取れるので勉強になる。実に楽しい。

だが、それにしたってこの粘液のしつこさときたら！

きりがないのである程度のところで断念することにした。ナメクジやカタツムリを調理する場合、この粘液が残ると泥臭さと生臭さが出てしまうのだが……。いたしかたなしである。ひょっとするとネイティブアメリカンたちはもっと上手い処理技術をもっていたのかもしれない。

続いて内臓を取り除くと、やたらペラペラになってしまった。皮ばっかりじゃねぇか。筋肉はどこへいった⁉ しかし、筋肉量に対して皮が厚い理由は思い当たる。カリフォルニアの乾いた気候において水分の蒸発を防ぐための厚着ではないか。予想外に厚いこの皮は加熱するとどうなるのだろう？硬くて食えたものではなくなるかもしれないし、意外といい食感を生むかもしれない。期待一割不安九割の気持ちだ。

縮み上がったバナナメを串に刺してカセットガスコンロの火で炙ってみた。メニューは素材の味を大事にしたいので、プリミティブに串焼きとした。

ゴリゴリのヌメヌメでとてもおいしいとは言い難い。ネイティブアメリカンたちはなぜコレを食べていたのか。

だが不安は的中。火にかけるとみるみるうちに水分が抜けて縮んでいくではないか。鮮やかなバナナ色だった体色も暗褐色にくすみ、残念な見た目に落ち着いた。明らかにおいしくはなさそうだが……。

いや、ここからの大逆転劇が待っているやもしれぬ。気持ちを前向きに切り替え、頬張る。

ギョリッ、ギョリッ、ニチャァァ……。

硬い外皮としつこすぎる粘液の食感だけが舌と歯に伝わる、まるで糊をまぶした指サックを食べているかのようだ。

味も陸貝が纏う粘液特有の生臭さが強く、ハッキリ言って不味い。とても食べられないというほどではないが、人間というのはその気になれば泥団子でも食えると思っているので、こんなフォローはたいいした擁護にはなるまい。

涙目で飲み下して思うことは、こんなものをなぜアメリカ先住民は食していたのかという一点である。そもそも単純なタンパク源としてみれば、捕獲と下ごしらえの労力に対して獲得できる絶対量が見合っていない。もしかするとネイティブアメリカンたちはバナナナメクジの特異な姿に薬効を連想し、食欲を満たすためでなく薬用目的で摂取していたのかもしれない。

兎にも角にも、広義の「虫」の中にはこのようにどうしようもなく不味いものもいるということ、そしてその不味さにはそれなりに生物学的な理由があるのだということをあらためて思い知った経験であった。

アフリカマイマイのエスカルゴ風

世界最大級のカタツムリ、アフリカマイマイ。日本でも沖縄や小笠原などへ食用目的で持ち込まれたものが野生化しているが……。

ネズミの糞を食らい、同胞の死骸をむさぼる悪食カタツムリ

貝殻があれば味わいはよくなるものなのか？

それを検証する意味でもでんでん虫ことカタツムリを食べた際のお話をばひとつ。とはいえこの本に載る題材なのだから、もちろんかの有名な欧州産食用カタツムリ「エスカルゴ（ヒメリンゴマイマイやリンゴマイマイなど）」といった「ふつうのカタツムリ」ではない。世界最大級のカタツムリ、その名も「アフリカマイマイ」である。「世界最大」なんてピンとこないかもしれないが、「貝殻の大きさがアボカド並み」といえばイメージできるだろうか。いや、重さもアボカド並みかそれ以上のものが

いる。巨体に加えてバイ貝のように高く尖ったカタツムリらしからぬ貝殻の形状もあって、はじめて目にする人は二度見、三度見すること間違いなし。奇怪な存在感を放つ巨大カタツムリである。

本種はアフリカマイマイという名前からも察しがつく通り、本来はアフリカ大陸に産する陸生貝類である。しかし、現在では世界各地の熱帯・亜熱帯地域に広く分布しているのが実態だ。日本にも沖縄本島をはじめとする琉球列島や小笠原諸島に定着しており、それら温暖な島々では道端で、公園で、庭先で、ごく当たり前に遭遇するほど盛んに繁殖している。

なぜカタツムリという、いかにも移動能力の低そうな生物がこれほどワールドワイドに生息地を拡大させているのか？ それは、彼ら彼女ら（アフリカマイマイは雌雄同体）が食用目的で各地へ導入されたためにほかならない。

アフリカマイマイは食欲旺盛で雑草から落ち葉、残飯まで貪欲に食す上、丈夫で飼育が容易である。さらに繁殖力がたいへん強く、簡素な設備でも養殖が可能ときている。そして「もちろん可食部の多さは言わずもがな！ 食糧難の解決にうってつけ！」という触れ込みで、各地で盛んに導入されたものの、その見た目の異様さからかほとんどの地域で受け入れられず、養殖場から逸出あるいは廃棄されて野生化と相なったのである。さらにそれが資材に交ざるなどして近隣の地域に運搬されて拡散し、現在のような有様となっているわけだ。

また、諸外国での事情はいざ知らずであるが、沖縄県においてこのカタツムリはゴキブリ並みに嫌われている。それは本種が広東住血線虫（かんとんじゅうけっせんちゅう）という寄生虫の宿主となっていることに起因する。広東住血線虫はネズミを最終宿主とし、ネズミの体内で産んだ卵は糞に混じって体外へ排出、それをアフリカマイマイをはじめとする貝などが食べて彼らの体内で幼虫が育つ。そうした陸貝をまたネズミが捕食し……、というライフサイクルで命を繋いでいる寄生虫である。

ところが、これがネズミでなく人体内へ入り込んでしまうと健康への悪影響を及ぼすのだ。多くの場合は大事に至らず治癒するのだが、時に失明や麻痺などの後遺症を生じる、あるいは最悪の場合、死に至るケースも報告されている。

こうした重篤な症状が取り沙汰され、沖縄の子どもたちは大人たちに「アフリカマイマイに触ると寄生虫に寄生されて死ぬよ」と教わっているのだ。雨が降ってカタツムリが路上へ這い出すたびにそんな風に脅かされて育ったのでは、嫌いになって当然である。

あるいは、そうした先入観をもたなかったにしても、よくない印象を抱く機会は多い。僕はアフリカマイマイが分布しない長崎県の出身であるから、そのような教育は受けていなかった。むしろ、沖縄へ住みはじめた当初はデカくてかっこいいカタツムリだなぁと好感を抱いていたものだった。

しかし、雨後にそこら中へ大量に這い出てくる様の奇怪さ、その大群をうっかりサンダル履きで「ガチョッ！　グチ！」と踏み潰した際の罪悪感と不快さ、そしてその死骸に群がって同胞をむさぼる餓鬼めいた悪食さを知るほど「イヤな生物」として脳の深い部分へと刷り込まれていったのだった。あ、そうそう。ネズミの糞を食べて広東住血線虫を取り込む……という件からもわかる通り、彼らは犬猫などの排泄物にたかることもある。その光景を見てしまうともう……ね。少なくとも食用にすることは考えたくなくなるものだ。日本では陸生貝類を食す文化的土壌が希薄だったことに加え、こうしたネガティブな特性も重ねて食用生物としての定着を阻んだであろうことは想像に難くない。

強烈な生臭さと粘液で心が折れる

だが、食用として持ち込まれた生物を食べてみないわけにはいかない。ここで逃げるのはポリシーに反する！　というわけで2012年にはじめてアフリカマイマイを捕らえて口にするに至ったのである。

捕獲についてはなんら難しいことはない。沖縄で雨上がりに散歩をすればいくらでも見つかる。強いていうならあまりにコンクリートだらけな市街地よりは農地や緑地に近い立地のほうがより多数のマイマイを見たい場合はおすすめ、ということくらいか。

なお、このときは一番の懸念事項であった「獣の糞にたかる」という点をできる限り解消するために野良猫（ノネコ）がほとんど見られないエリアを選んだ。それも気休めにしかならないのは自分でもわかっているが……。

獣糞は極端だとしても、アフリカマイマイは悪食であるから捕獲直前まで何を食っていたか＝腹の中に何が入っているかわかったものではない。そこで、採集したアフリカマイマイを底面にごく薄く水を張った容器に数日間入れておき、体内に残留している糞を排泄させた。アサリでいうところの砂抜き、ウナギでいう泥抜きの工程である。結果、糸状の糞が想像以上にたっぷりと排出され、「やっといてよかった……」と引きつった笑みを浮かべるに至った。

バナナナメクジの際と同じように、下ごしらえの段階で内臓さえ取り去ってしまえばこんな手間をかけることもないのだが、今回はどうしても試してみたいメニューがあったのだ。壺焼きである。

そもそも日本において巻貝を食す場合、サザエやバイのような海産種にせよタニシなどの淡水産種にせよ、貝殻の内容物は足（コリコリとした身の部分）も内臓（いわゆる肝の部分）ももろともに口へ運ぶものである。陸生種だけなんとなしに内臓を外すのは道理に合わない。それに、シンプルに醤油だけで焼き上げる壺焼きは素材の味を確認しやすい、この手の「生物学実験的試食」においては優れたメニューであるといえる。

というわけで、いったん冷蔵して絶命させたアフリカマイマイの殻口へ醤油少々を垂らし、網の上で火にかけた。醤油が焦げる香ばしい匂いが漂ってきたと思ったのも束の間、その奥からうっすらと土気を含んだ生臭さが漂ってきた。これは……大丈夫か？

寄生虫対策としてしっかり芯まで火を通すつもりであったが、この臭気を嗅いでついつい余計に長く火にかけてしまった。かくして焼き上がった「アフリカマイマイの壺焼き」は生時とたいして変わらぬ簡素な見た目ながら、どこか禍々しい雰囲気を放っていた。

殻口から楊枝を差し込んで身に刺し、殻をつかんでグリリと捻ってやる。すると、ズルリとその全容が現れた。黒っぽい身肉にミルクチョコレート色の内臓が繋がり、全体がテロテロと糸をひく粘液に覆われている。そこから、加熱時に感じた生臭さがムワッと立ち昇るのだ。

おそらくは「日本でも有数」と呼ばれていいほど多種多様な珍生物を国内外で食してきた僕であって

アフリカマイマイの壺焼き。野趣あふれる素材の味が粘液に包み込まれて口腔へ広がる。手を加える必要あり。

も、この威厳すら感じる「マズそうっぷり」の前にはすっかり萎縮してしまった。口に運ぶのを本気でためらった食材は後にも先にもこれくらいではないだろうか。見た目とニオイだけでほとんど心が折れていた。

「でももう命を奪ってしまったわけだし」「ほんの数十秒か数分の我慢なんだから」と、必死で食べなければならない理由を探しては心中で唱える。食材になってもらったアフリカマイマイに対して失礼な行為だが、これぱっかりはしょうがない。精神を落ち着かせ、ひと思いに頬張る。

勢いをつけて噛みしめると、口内へ強烈な生臭さと粘液がびっしりと広がった。

口を閉じているのにグチグチと粘液が固く糸を引く音が聞こえる。あまりの不快感に吐き気を催したが、すんでのところで飲み下した。それでも食道から亡者のように迫り上がってくるアフリカマイマイをコップになみなみと注いでおいた冷水で流し込み、ひとまずは完食とした。

なるほど、バナナナメクジほどではないものの、やはり陸生貝類が乾燥から身を守るため身につけた粘液は口当たりがあまりにひどい。これを纏わせたまま食材として活用するのは現実的でなさそうだ。内臓の臭気もとても食べ物のそれとは思えない。ひどすぎる。そこで、一計を案じた。この粘液と内臓を除去すれば、本種の食材としてのポテンシャルを発揮できるのではないか。

ガーリックバターを利かせてフレンチのエスカルゴ料理風に。手間はかかるが、味は段違いによくなった。

　まず、残りのアフリカマイマイたちをたっぷりの熱湯で下茹でし、楊枝で中身を取り出す。それを白ワインでよく洗うと、スルスルと粘液が落ちていく。バナナメクジと比べると段違いに素直である。足の身から粘液が完全に落ち、ゴムのような質感になったら、続いて内臓を包丁で切り落としてやる。ここまで処理を施すと、加熱による収縮と内臓除去によって残された実質的な可食部はアーモンドほどのサイズになる。アボカド並みの大物がアーモンドに……。歩留まりはひどく悪いが、こうでもしないと僕の舌はこいつらとまともに向き合うことができそうにない。

　続いて、空っぽになった貝殻をよく洗って乾かしたら、先ほど切り出した可食部を殻口へ詰め直す。そこへガーリックバターを乗せ、再び遠火でじっくりと焼いてやる。フランス料理の中でも名高いメニュー「エスカルゴのグリル」にならった「アフリカマイマイのエスカルゴ風」の完成だ。

　これがまぁうまい！　コリコリした食感にガツンとくるガーリックバターが合う！　というか、ガーリックバターの味が強すぎてアフリカマイマイ自体の味はほぼ感じられない。だが、弾力に富む歯応えは決して霞むことなくアフリカマイマイが備える食材としての個性をはっきり主張してくれるのだ。

　ここでふと気づいた。フレンチでもエスカルゴ料理にニンニクとバターを利かせるのは、あちらの食用エスカルゴにもアフリカマイマイと同様かそれに近い生臭さはつきもので、それをマスキングするためなのではないか。でなければ、塩味ベースのさっぱりした焼き物やすまし汁的なスープに用いられてもいいはずだろう。そうしたメニューが広く市民権を得ていないところをみると、そもそも陸生貝類は身肉の歯応えこそ素晴らしいが、常に粘液を課題に抱えた食材なのかもしれない。エスカルゴもアフリカマイマイも結局は似たようなものというわけだ。

そうそう。これは余談だが、以前に水産会社の職員さんから「アフリカマイマイの缶詰が『食用かたつむり缶詰』という商品名で日本に輸入されている」という話を聞きつけ、実際に入手したことがある。それに使われているアフリカマイマイらしきかたつむりはインドネシア産の養殖モノで、身も丁寧に処理されており食べやすかった。以前に大衆向け洋食チェーン店で食べたエスカルゴのグリルに使われていた「エスカルゴ」と見た目も食感もそっくりだった。

この缶詰、一体誰が仕入れて何に使用しているのだろう？　まぁ間違いなくおいしい食材なので、どこでどう使われていようと僕は一切かまわないのだが。

茹でオオゲジ

大きさ、形、挙動……。いずれの要素においてもすさまじいインパクトを放つ奇怪な虫、オオゲジ。実は味まで特徴的なのだ。

見た目はキモッ！　味はイモッ？

見た目のわりに味は意外と……という虫なら、オオゲジは外せないだろう。オオゲジとはいわゆる「ゲジゲジ」の一種で、ムカデに近縁な多脚の虫だ。その姿は強いて表現するなら「異様に脚の長いムカデ」「地面を走る魚の骨」といったところである。だが、胴がムカデに比べて短く、顔つきもどこかコオロギなどの昆虫に通ずる部分がある。そのため、この手の多脚系生物の中でもとりわけ独特な雰囲気を放っているのだ。異様な外見に加えて、滑るように高速で地面や壁を這い回る姿は見慣れぬ者にはなかなかショッキングである。

その好き嫌いがハッキリと分かれる（好き派1：嫌い

派9くらいの比率か）ビジュアルゆえ、「不快害虫」なる不名誉な称号を与えられている。だが、実際にムカデのような強毒があるわけでも、ゴキブリのように衛生面で問題があるわけでもない。むしろ、ゴキブリなどの害虫を捕食・駆逐する側の存在である。それなのに、「見た目が気持ち悪いから」という理由だけで邪険に扱われるなんて。あまりにかわいそうだ……！といいつつ、そんな僕も子どもの頃は山中に建つ祖父母宅に出没するこの虫が大の苦手だった。詳しくは次章で述べるが、あるきっかけで彼らへの恐怖を克服するに至った。むしろ、愛せるようにすらなった。

せっかくオオゲジを愛せるようになったので、愛するついでに茹でて食べてみたこともあった。彼らのことをもう一歩踏み込んで知ってみようと思ったのだ。

沖縄の山林で捕らえたオオゲジを、さっと塩茹でにして器に盛る。ほぼ生きていた頃そのままの姿で器に鎮座するオオゲジ。やや違うベクトルで写真映え確実な一皿となった。僕は何を食べるにも躊躇しないタイプだが、珍しく口に入れる瞬間に全身がこわばった。アフリカマイマイ以来の体験だ。食欲は一切わかない。箸を握る手を動かすのは、オオゲジのことを知りたいという知的好奇心だけである。

口に入れようとすると、唇や口腔に長い無数の脚が引っかかって痛い。他部位のインパクトが大きすぎて目立たないが、実はオオゲジの脚には鋭いトゲが生えているのだ。暴れる獲物を押さえ込む際に一種の猟具として役立っているのだろう。その上、脚には肉がついておらず、やたら硬くて食感の悪いエビの触角といった風でとても可食部とはみなせない。除去して胴体だけ食うのが賢かろう。

脚をすべて取り去ってしまうと貧弱な胴体だけが残る。手のひらからはみ出すあの巨大なオオゲジがせいぜいフライドポテトほどの大きさになるのがなんとも寂しい。けれど、胴体は細いながらも外骨格越しにもちっとした肉づきのよさを感じる。食べやすい姿になったところを頬張り、噛みしめると、意外な味わいが口の中に広がった。サトイモだ。

優しい滋味もほのかに香る土の風味も、サトイモそっくりなのである。とはいえ、イモ類に似た風味がすること自体はそこまで意外なことでもない。クモの中には豆のような味のものもあるし、シロスジカミキリやセミもナッツのような風味を備えている。それに、東南アジアの食中文化圏に好まれる、竹類につくガの幼虫はジャガイモに似た味がする。虫の食味というと甲殻類系が想起されやすいが、穀物系の味わいもメジャーどころなのである。

熱湯でサッと茹でたオオゲジ。見た目は……率直に言って料理としては最悪の部類だろう。だが味は……！

にしたって、あの見た目からサトイモはないだろうサトイモは。オオゲジは生きた昆虫を捕らえて食うプレデターであり、泥土を喰むような行動はとらない。となるとあの爽やかな土臭さはどこからくるのか。残念ながらまったくの謎である。

ちなみに、オオゲジは英名をハウスセンチピード（家ムカデ）というが、味の面でいえばムカデとは似ても似つかない。かつてテキサス州でオオムカデを捕らえた際に、「ゲジゲジに通じる穀類系の味だろう」と予測して試食してみた。ところが、実際は理科室の床を舐めたような強烈にケミカルな苦味に口腔内を支配され、飲み込むことさえ困難だった。それに比べると、サトイモ味のオオゲジはご馳走といえよう。

炒めソフトシェルセミ

セミは長年に渡り木の根から吸った養分を体内へ蓄え続ける。……ってことは、地上へ出てきた彼らは滋味にあふれてうまいのでは？

タイの珍しい高級食材

唐突だが、セミはおいしい。近頃にわかに注目を集めている昆虫食の世界では、定番の食材となっている。たしかに数ある虫の中でもセミたちは食べやすい部類に入る。ところで昆虫食先進国であるタイで興味深い話を耳にした。タイでもっとも高値で取引される食用昆虫は「とある瞬間の」セミだというのだ。

まず、セミは成虫もうまいが、幼虫のほうがより味がいい。成虫はほんのりナッツのような風味があるが外骨格がやや硬く、その中身もスカスカ気味なのである。

一方で木の根の汁を吸って生きる幼虫は、シロスジカミキリよろしく体内には柔らかな身が詰まっている。そして、その味がピーナッツクリームを思わせる濃厚さである。昆虫を食べることに抵抗のある人でも、いざ口にしてみれば気に入ること請け合いだ。

ただし、モグラのように土を掘って暮らす彼らも、成虫ほどではないものの土や石に体をこすっても傷つかないよう外骨格がそれなりに頑丈にできている。また、幼虫は数年間も地下に潜んで暮らすため捕獲できるのは羽化のために地上へ這い出してきた夏の晩に限られる。僕は以前に昆虫料理研究会なる団体が主催する「セミ会」なるイベントで成虫と幼虫を食べ比べて以来ずっと「セミを食べるならこの羽化直前の幼虫に限るなあ」と思い込んでいた。しかし、僕はまだ食材としてのセミの奥深さに気づいていなかったのだ。

その数年後、僕はテレビ番組の撮影でタイのバンコク郊外へ来ていた。タイといえば昆虫食文化の先進国。とはいえ日常的に虫を食べるのはイサーンなど一部の東北地方に限られる。首都バンコクでも屋台や市場でコオロギやタガメ、ゲンゴロウなど食用の昆虫を入手できる程度には虫料理が市民権を得ているが、あくまで「健康食品」「物好き向け」といった存在である。ところが、普段は決して積極的に虫を食わない地域で、虫を、セミをふるまわれたのである。取材先の養魚場で、おもてなしのごちそうとして。

意外だった。「外国からのお客さんはこういうの珍しいでしょ？　写真映えするでしょ？」という要らぬ気遣いなのかと勘ぐったが、どうも様子がおかしい。

普段そんなに虫を食べていないはずの地元民たちも集まってきて、なんと我先にセミへ手を伸ばす。

すさまじい勢いで頬張る。それだけにとどまらず、どこからかタッパーや紙袋を持ってきてはセミを詰め、「家族へお土産に」「運転中につまむために」とテイクアウトをはじめる者まで現れた。

これはただのセミではなく、ただの昆虫料理でもない。いてもたってもいられず、五指をすぼめて数匹つかみ上げ、まとめて頬張る。

……うまいッ!!

かつて日本で食べたセミより明らかにうまい。ナンプラーベースの味付けがいいのか? いや、違う。「素材の味」自体がいいのだ。

タイで食べる機会に恵まれたソフトシェルセミ。現地の食用昆虫としてはかなり高価だが、それに見合う味。

「奥さん、いいセミ使ってますね〜」というタイ語を覚えてこなかったのが口惜しい。

具体的にいうと、ものすごく食感が軽い。噛み締めるとサクサクと心地よく砕け、口に硬い外骨格や脚がまったく残らない。幼虫であっても、多少は口の中がざらつくはずなのに。それでいて、味わいも幼虫に負けず濃厚である。

一度食べ出すとやめられない止まらない。こんなにおいしいセミははじめてだった。感動とともにセミをまじまじと見つめて気づいた。翅が伸び切っていない……!? 不審に思っていると、台所から奥さんが調理前の生セミを持ってきてくれた。淡い体色にシワの寄った翅。全身がふにゃふにゃと軟らかく、指先で触れると簡単に変形してしまう。これは、羽化直後のセミ、体が固まる前のソフトシェルクラブならぬ「ソフトシェルセミ」だ!!

詳しく話を聞いてみると、さまざまな昆虫（クモなども含む）を食べるタイにおいてもっとも高価な食用虫こそがこの羽化直後のセミで、実に1匹あたりの値段が6バーツ（20円）もするという。ピンとこないでいると奥さんは、「6バーツあればメンダー（タガメ）だったら一袋も買えるんだよ!?」となおさらわかりづらい説明をしてくれた。でも、60バーツも払えば屋台でたらふくランチが食べられる物価安のタイにあってこの値段とは、相当な高級食材といって間違いなさそうだ。

ちなみに、セミの成虫や幼虫は一気に値段が下がり、他の昆虫とたいして差のない「大衆昆虫」として扱われるらしい。ソフトシェルセミだけがそこまで高い理由を現地人に訊ねたところ「収穫に手間がかかりすぎるから」という答えが返ってきた。というのも夜中に羽化したあと放っておくとすぐに体が固まってしまうため

①セミの羽化シーズンに陽が落ちてから地面を這っている幼虫を拾い集める
②自宅に持ち帰り、壁や庭木に放して羽化させる
③夜間、つきっきりで羽化に立ち会い、羽化したそばから摘み取っていく
④摘んだセミを潰れないように容器に詰めて冷凍、出荷

という工程を踏む必要があるのだ。たしかに基本的に「捕まえておしまい！」なその他の虫たちとは一線を画す面倒くささ。そら高いわな。まあ、ソフトシェルクラブだって高いのは同じような理由だものね。

羽化を待って摘み取って

もしかすると、この手順を踏めば日本でもあの味が楽しめるのでは？　時は7月中旬。そろそろいい時期だし、DIYで挑戦してみたい。夜に緑地へ出向くと、植え込みのあちらこちらでセミの羽化が行われている。懐中電灯で地面を照らすと、羽化に適した場所を探してさまよう幼虫の姿があちこちに。そのままでは踏みつぶされそう、車に轢かれそうなものを拾い集める。結局、人の手によって蝉生に幕を降ろすことには変わりないのだが。

夜道で幼虫を集めるのは楽しいばかりで、なんの苦にもならなかった。だが、辛いのはここからだった。面倒くさいとかではなく、捕獲してきたセミたちを自宅で羽化させていると、どうにも心がチクチク痛むのだ。子どもの頃、夏休みになると必ずこれと同じことをやっていた。もちろん食べるためではない。オトナになろうと、朝焼けの中を羽ばたこうと懸命に頑張るセミたちの姿を見るのが好きだったのだ。固まり色づく前の、ガラスか蝋でできた真っ白な細工物のような、若ゼミたちの繊細な美しさが好きだったのだ。

当時のピュアな心を思い出してしまった。あの頃の自分なら、彼らを引っぺがして冷凍庫にぶち込むなど考えられなかったはずだ。ともに朝を待ち、降り注ぐ太陽の中へと解き放ったはずだ。しかし、大人になって僕は汚れてしまった。大人になってソフトシェルセミの味を知ってしまったのだ。

「ごめんな、ごめんな」

心の底でつぶやきながら、セミたちを熟した果実を摘みとるように食品用の保存袋へ放り込んでいく。果たしてその懺悔は空を飛べなかったセミたちに向けられたものか、あるいはかつて少年だった頃の自身に送られたものであったか。

しかし不思議なもので、保存袋という文明の利器に密封された途端にあれほど感傷的だった我が脳はセミたちへの認識を改めてみせた。「あ、このあいだタイで食べたおいしいやつだ」と瞬時に食材認定したのである。こうなれば話は早い。迷いはない。

翌朝、ウキウキでセミを解凍。油で炒めて軽く塩を振った。

ああ、ソフトシェルセミは抜群においしい。また食べたい。でも結局、捕獲したセミのうち数匹は完全に羽化するのを待って、窓から外へ逃がしてやった。これはかつての純粋で優しい自分が今も心のどこかに生きている証拠かもしれない。彼のためにも今後、この贅沢な食事は年に一晩だけの楽しみにしようと思う。

自室のカーテンで羽化させたセミ。全身が純白でやわらかいうちに「収獲」することで至高のセミ料理となる。

外皮がプツンと弾け、中身はトロ～リ

茹でシロスジカミキリ幼虫

おいしさ★★★★★

【味】
ナッツのような脂っ気があり、甘味とうまみを感じる。たいへん美味。舌触りはクリーミー。

【調理法】
①幼虫に食われたクリの木を伐採
②幼虫が掘り進めた坑道から、幼虫を探す
③さっと茹でて、丸ごと食べるべし

【注意点】
食べるにはクリの木を犠牲にして切り倒す必要あり。

まるで粘る指サック

バナナナメクジの串焼き

おいしさ★☆☆☆☆

【味】
硬い外皮とねばつく粘液で、不快な食感のダブルコンボ。はっきりいってまずい。涙目レベル。

【調理法】
①カリフォルニア州の針葉樹林でゲット
②酢 or ワインで粘液を限界まで洗い落とす
③内臓を取り除き、串に刺して炙る

【注意点】
バナナ色の体も、炙ると暗褐色の残念な見た目に。

うまさとリスクの隣り合わせ
アフリカマイマイのエスカルゴ風

おいしさ ★★★☆☆

【味】
コリコリ食感にガーリックバターのガツンとした味。ふつうにうまい！

【調理法】
①水に数日間つけ糞を排泄させる
②熱湯で下茹で後、楊枝で中身を取り出し白ワインで粘液を落とす
③内臓を切り落とし、洗った貝殻に詰め直す
④ガーリックバターを乗せて焼く

【注意点】
手間のわりに可食部は少ない。

爽やかな土臭さと広がるイモの風味
茹でオオゲジ

おいしさ ★★★★☆

【味】
ほのかな土の香りがする、優しいサトイモの味。

【調理法】
①山林で捕らえる
②さっと塩茹でする
③脚を除去して胴体のみいただく

【注意点】
脚がついたままだと、唇や口腔に刺さるので食べにくい。

※アフリカマイマイは、人体に深刻な健康被害を及ぼす可能性があります。
このレシピは著者の実体験をもとにしたもので、食用をすすめるものではありません

一度食べだすとやめられない、止まらない！

炒めソフトシェルセミ

おいしさ★★★★★

【味】
サクサクとした噛み応えで、ピーナッツクリームを思わせる濃厚な味。

【調理法】
①7月中旬に、羽化前のセミの幼虫を集める
②羽化を見守り、色づく前の真っ白なセミを冷凍庫へ
③翌朝に解凍して、油で炒め、塩をさっとひと振り

【注意点】
少年時代の心を思い出して胸が痛む。

番外編

豆知識！虫の味

虫の味は大きく分けて3種類に大別される。

分類不可

［例］
ムカデ……理科室の床の味
ツムギアリ……レモンを彷彿とさせる強い酸味

甲殻類系

エビやカニのような味わい

穀物類系

イモや豆の味わい

［例］
クモ、シロスジカミキリの幼虫

第3章　憧れとスリルの虫の世界

ゲジゲジとゴキブリは苦手でした

ここまで本書を読み進めてくれた諸君には、僕が虫を好いていることはとりあえず伝わったのではと思う。中には「虫なんて気持ち悪い生き物を好きになるなんてどうかしている」と呆れる方もおられるだろう。虫なんざ忌み嫌うのがふつうの感性だぞ、と。

もちろん、そんなことはない。僕からいわせてもらえば人を刺す、作物を荒らすといった実害の有無と関係なしに「気味が悪いから」と虫を嫌うことこそ不自然だ。あるいは、そうした人々は知らず知らずのうちに「呪い」をかけられた哀れな被害者なのだと憐憫の情を抱いてしまう。かくいう僕もまたその「呪い」にかかり、今なお苦しんでいるひとりなのだが。

ここでいう呪いとは、幼少期における身の回りの人々、特に親兄弟や教師といった保護者的役割を果たす者たちによる、ある種の無自覚な「洗脳」に近いものだ。彼らは虫というか弱く無害な存在をさも恐ろしげに、時には自身も怯えながら誹謗してみせることで、幼い子どもらに虫への敵意と恐怖心を植えつけているのである。

しばしば「ゴキブリやヘビを恐ろしく感じるのは、彼らが人類の遺伝子に排除すべき存在として記憶されているから」というトンデモ説を見かけるが、実に馬鹿馬鹿しい話である。生まれたばかりの無垢な子どもは、虫やヘビといった小動物への恐怖など持ち合わせてはいない（ニシキヘビのような自身を食いかねない大型種は別だが）。まわりの大人が虫は怖くて、不快で、汚くて危険だとネガティブな情報を叩き込んでいくことで、彼らを避けるべき存在だと認識して嫌悪を抱くのである。

たとえばゴキブリがほとんど見られない北海道出身者には、温暖な地域に移り住んではじめて彼らに遭遇しても特に恐怖は感じないという方が少なくない。これは遭遇する機会そのものがほとんどないせいで、幼少期にゴキブリに対して鮮烈な悪印象を植えつけられるイベントが起きにくいことに起因すると考えられる。

また、昆虫愛好家や研究者の子どもは親同様に虫好きが多い。この傾向は「蛙の子は蛙だな」と親の趣味趣向が遺伝したと捉えられがちだが、それだけではない。そうした親は虫に対して肯定的、友好的な態度をとるため、子どもが虫を無闇に嫌わずに興味と愛着を寄せるようになるのである。

我が家の両親も決して虫嫌いではなかったため、幸いにも僕は虫にネガティブな偏見をもつことなく育つことができた。いや、ひとつだけ例外がある。ゴキブリだ。

僕は物心つく前から虫にご執心だったようで、2歳を迎える頃には目につく虫を片っ端から素手で捕まえて遊んでいたらしい。その頃はもうなんでもかんでも口に入れるような歳でもないので、両親は特に咎めることなく、ある程度は好きにさせていた。特に英才教育を受けた身の上ではないが、その点に関しては両親の教育的ファインプレーだと常々感謝している。

だが、たまたま部屋に出現したゴキブリを僕が捕まえようとしたときばかりは、さすがの両親も慌てて「この虫は不潔だから絶対に触ってはならない」と言いつけたそうだ。その当時の記憶はまったく残っていないが、普段どんな虫を見てもニコニコしている両親が血相を変えて怒鳴っていたとしたら、そのギャップに大きなショックを受けたことは想像に難くない。それこそ我々の生存に危険をおよぼす悪魔的な大害虫としてゴキブリの姿は脳の底に刻み込まれただろう。「ゴキブリを見ると恐怖に身がすくむ呪い」を両親にかけられたわけだ。そんなわけで僕はあらゆる虫、あらゆる生物の中でゴキブリだけはいまだに苦手である。

20代半ばまでは、種を問わずゴキブリと名がつくものはすべて苦手だった。家屋に出没する大型のクロゴキブリやワモンゴキブリはもちろん、モリチャバネゴキブリやサツマゴキブリなど屋外性の種も遠目に見ただけで寒気がしていた。なんなら、分類学上は昆虫ですらないフナムシも「ポルトガル語で海のゴキブリというんだよ」と日系ブラジル人の母に教わったせいで10歳頃までは恐ろしくてしょうがなかったほどである。

なお、フナムシ嫌いは11歳で釣りを覚えた際に克服した。堤防で釣り餌を使い切ってしまった折に、決死の覚悟でフナムシをつかんで釣り針に刺したことで「あれ、意外と平気じゃん」と呪いはすっかり解けたのだった。本物のゴキブリではないという事実も早期解決に繋がったことはたしかだろう。

呪いがとけたヒメマルゴキブリ事変

転機が訪れたのは、学生時代に生物観察のため足を踏み入れた沖縄の森での一夜であった。ヘビ、カエル、大きなクモにキリギリス……。蒸し暑く鬱蒼とした夜の原生林にはさまざまな生物がひしめいていた。だが、そんなパラダイスにもワモンゴキブリやウルシゴキブリ、マダラゴキブリといった連中は定期的に現れ、僕の背筋をピリつかせていた。ああ、まったく恐ろしいやつらだ。何もしてこないのはわかっているが、恐ろしくて仕方がない。こいつらさえいなければもっとずっと楽しい夜なのに。

ゴキブリたちに怯え、苛立ちながら歩みを進めていると、木の幹に黒光りする硬質な虫を見つけた。見た目はほぼダンゴムシだが、短い脚は6本しかない。それに触角がダンゴムシに比べてかなり長い。それがいつも飛ばし気味に見ていた昆虫図鑑のゴキブリのページに載っていた虫であることに気づくまで、そう時間はかからなかった。

これはヒメマルゴキブリという日本では南西諸島に分布する種で、雌雄で大きく形が異なることが知られている。雄はスイカの種よりもやや大きい程度で、黒く平たいゴキブリらしい体型をしている。一方で雌はダンゴムシそっくりの体型で、実際に危険が迫ると丸まって身を守るという変わり種のゴキブリなのだ。つまりこのとき眼前に現れたのは雌のヒメマルゴキブリである。

当初は曲がりなりにもゴキブリということで接近するのがやや躊躇われたが、あまりにゴキブリ離れした体型ゆえ、視覚的にはさほど嫌悪感がない。それどころか、ヨチヨチしたスローな動きとやけに短い足がなんだか可愛らしく見えてきたではないか。となると、ダンゴムシのように丸まるという習性もこの目で拝んでみたくなる。おそるおそる手を伸ばし、ヒメマルゴキブリをつまみ上げた。すると甲虫のように硬いそのゴキブリは右手親指と人差し指にはさまれながら、体をコロンと畳んで球状になってみせた。

「すげえ！　完全にダンゴムシじゃん！」

ゴキブリとは思えない姿に驚き、すっかり魅了されていた。だが、ゴキブリであることは紛れもない事実。これが、あの恐ろしくて仕方がなかったゴキブリなのか？　つかんじゃったぞ、素手で。

わかっていたことであるが、触っても何も起こらない。不潔さも感じない。他の虫とすっかり同じだ。この瞬間、頭の中で何かが弾けた。

形状も硬さもダンゴムシに近いが、実はゴキブリ。本種をきっかけにゴキブリ嫌いを克服する人も少なくない。

「ゴキブリ、案外いけるかも……」

不思議なもので、この晩を境に野外性の種であればたいていのゴキブリを触れられるようになった。個人的にはオオゴキブリやサツマゴキブリといった脚の短いコロコロした体型のゴキブリは抵抗が少なく、すぐに克服できた。だが比較的大型で脚が長く、屋内性の種に見た目が近いウルシゴキブリやモリチャバネゴキブリはそれなりの時間を要した。間近で見ると、部屋の壁を這っているあの姿がフラッシュバックするのである。

なんと！ 丸くなる能力もダンゴムシそのもの。ただし、これは雌だけの能力で雄はゴキブリらしい姿である。

とはいえ、そうした難易度高めの種たちにもだんだんと耐性がつきはじめ、ヒメマルゴキブリ事変から2年ほど経った頃には触れるようになった。種類を問わず、ゴキブリが視界に入っただけで冷や汗をかいていた頃からは我ながら想像もできない成長ぶりである。パチンパチンと、少しずつ鎖を断ち切るように自分へかけられた「呪い」が解けていくのが実感できた。

だが、今なおその呪いを完全に解ききれてはいない。30代になった今でも、大型の「家ゴキ」はまだまったくダメだ。具体的にはクロゴキブリ、ワモンゴキブリ、コワモンゴキブリ、トビイロゴキブリの4種である。こいつらはどうしても触ることができない。近づいて写真を撮るにも足がすくむ。いずれ彼らも克服したいのだが呪いは根深く、その日はまだ遠そうだ。逆にいえば地球上でこの4種を除けば苦手な生物など存在しないので、彼らを克服したならば僕は正真正銘の怖いものなしになってしまう。それもちょっと極端なので、現状維持くらいでちょうどいいのかもしれないが。

トラウマ級　ショッキングな虫版龍虎図

それから、ゴキブリ以外にも一時期どうしようもなく苦手な虫がいた。前章の食味レポートで登場したゲジゲジである。ゲジゲジとはゲジ目ゲジ科ゲジ属に属する虫の総称で、日本には小型のゲジと大型のその名もオオゲジがいる。ムカデに近縁な虫で脚の数は15対すなわち30本にも達し、多脚系の中でもとりわけ強い存在感を放つ虫である。なお、ゲジは体長2㎝ほどしかない貧弱な虫で恐るるに足らないが、オオゲジのほうが問題である。こちらは脚を広げると僕の手のひらからはみ出す巨体だ。

はじめてこの虫と出会いを果たした場所は佐賀県の里山に建つ祖父母宅だった。当時小学校中学年だった僕にとって雑木林に囲まれた環境は虫取りに最適で、夏休みに泊まりがけで遊びに行くのが何より楽しみな年中行事であった。無論、その晩も散々に虫遊びの限りを尽くしてヘトヘトだった。

「早くお風呂に入って寝なさい」という祖母の声に従って脱衣カゴへ服を投げ入れる。そして、風呂場へ踏み込んだ瞬間に事件は起きた。古いバランス釜式の浴槽が備え付けられた4畳ほどと広めの浴室は、床と壁のタイルも天井も水色で統一されたレトロな雰囲気だった。その空色の空間に一点だけ、黒い塊があった。タイル張りの壁に、当時の僕の顔面ほどもあるオオゲジが鎮座しているのだ。

ゲジゲジは図鑑でよく見かける虫だったが、ここまでデカいとは聞いていない。その立地と古さから「お化けか妖怪が出そうなお家だなあ」と思ったことはあったが、SF映画のクリーチャーが出るとは思いもしなかった。ただ、特大サイズのオオゲジが出たというだけならなんということはなかったろう。むしろ図鑑で見ていた虫に出会えたことを喜んだかもしれない。よくなかったのは、そのオオゲジはこれまた立派なクロゴキブリを捕らえて食べている最中だったのである。しかも捕獲してまもないところだったらしく、獲物はまだ脚をヒクヒクと動かしている。

なんとおぞましい光景!! 考えようによってはオオゲジを「僕の嫌いなゴキブリを退治してくれた益

虫」と捉えることもできるのだろうが、このときはあまりにショッキングな虫版龍虎図を見て「不潔なゴキブリを食っているのだからこいつも同等に不潔」「ゴキブリと同類」「ゴキブリとセットの虫」という考えに陥ってしまったのだ。

風呂の戸を開けたままたじろぎ、あとずさりするように居間へ逃げ込み、素裸で祖父母へ助けを求めた。だが余計に恐ろしいことに、ハエたたきを携えた祖母を連れて風呂場へ戻るとあのオオゲジはゴキブリもろともどこかへ消えてしまっていた。この間、たったの数分である。

「確実に、この浴室のどこかにまだあいつらはいる」

やたらと広い浴室には色々なものが置かれていて死角が多い。棚に並ぶシャンプーやリンスの陰、バスチェアの裏、湯かき棒の下……。体を洗っている間も気が気ではない。シャンプーで視界を奪われるのが恐ろしく、頭を洗うことができなかった。もちろん浴槽に浸かる余裕はなく、逃げ出すように早々と浴室を出て布団に飛び込んだのだった。

こうしたホラーじみた体験を、よりによって大苦手のゴキブリに絡めた形でしたのだからトラウマものだ。その後もオオゲジとたびたび祖父母宅の風呂場ででくわしたり、クワガタ採りの際に夜の雑木林でエンカウントしたりしたが、ゴキブリと同じく一向に好きにはなれなかった。

オオゲジと顔面での触れ合い

転機が訪れたのは大学生時代だった。生物好きの仲間9名で簡単なキャンプをしようと、沖縄北部の山林に佇む山小屋を借りたのだ。テントを張るより楽だし快適だろう。これは名案だと思ったのだが、小屋の鍵を開けた途端に呼吸が詰まった。

木造りの壁や床に多数のカマドウマが、そしてそれを食っているオオゲジが何匹も張り付いているのである。仲間たちも皆阿鼻叫喚だ。やはりテント泊にするんだった！

しかし、勇者が現れた。9人の中にひとりだけ、オオゲジに対して一切の恐怖を抱かない男がいたのである。彼は「そんなにこれ怖いか？」と不思議そうに言うと、どこからかエビ採り用の網を持ち出してきてカマドウマとオオゲジを根こそぎ捕まえては小屋の外へ放り出してしまった。これが英雄か。

だが、英雄は同時に変人でもあった。

あろうことかオオゲジを手に乗せてみせたではないか。すると次の瞬間、オオゲジは彼の手首から肩へ駆け上がり、ついには顔面に張りついて止まった。H・R・ギーガー（映画「エイリアン」のデザイナー）が喜びそうな、世にもおぞましいことになっているがその上で彼は「意外とかわいいで！」などと言いだしたのだ。

何を言っているんだ、そんなものがかわいいわけないだろう！　だが、友人の顔面を占拠しているオオゲジをよく見ると、その長い脚を1本ずつ口にくわえ、舐めて掃除をしているではないか。まるでネコのようだ。たしかにかわいらしく見えてきた（なお、同様のクリーニング行動はゴキブリも行うがそれはまた別の話）。顔に咬みつくようなそぶりも見せない。温和な生物ではあるようだ。

顔を乗っ取られても平気そうな友人を見ていると、なんだか「いけそう」な気がしてきた。思い返せば、喝采を受けている友人を見て、自分も皆にいいところを見せたいという気持ちもあったのかもしれない。

「俺もそれ、やってみていいすか?」

勇気をもって進言し、そっと友人の頭部に鎮座するオオゲジに右手のひらを差し出す。背後では仲間たちの悲鳴に近い歓声が上がっている。友人の腕やら顔やらを這い回って疲れたのだろうか？　オオゲジはちょうど僕と顔を突き合わせながら、手のひらの上へ静かにゆっくりと乗り移った。

その瞬間だった。「あ、この虫好きだわ」と思った。

気づいた、といったほうがより正しいかもしれない。手に乗せただけで、彼がごく穏やかで臆病な気質の生物であることはハッキリと伝わる。顔だって、まじまじ見るとクリクリした目が輝いて愛くるしい。ムカデよりも昆虫に近い顔立ちだ。一瞬にしてオオゲジに対する誤解が解け、評価が一転した。気づけば、なぜ今までこんなに素敵な虫を嫌っていたのか、これほどかわいらしい虫に怯えていたのかわからなくなっていた。

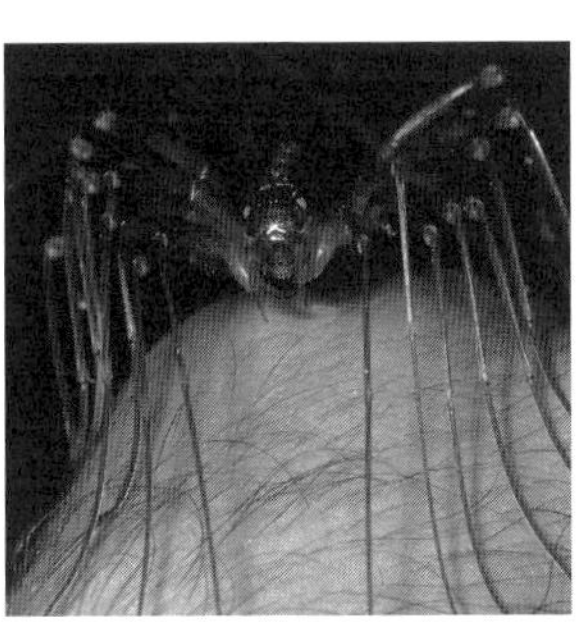
オオゲジの顔。意外に複眼が大きくかわいらしい印象。ムカデよりもずっと昆虫に近い顔立ちだ。

と、気を許した途端にオオゲジが手のひらから手首、肘、肩、首を駆け抜けて顔へと張りついた。ゲジは助走もなしに、初速からトップスピードで走ることができるのだ。しかも、このサイズの虫ならばいくらか聞こえるはずの足音がほぼしない。この忍者的な芸当は彼らの長くしなやかな脚が可能にしている。鞭のように長い脚はしなることで猛ダッシュの振動を吸収し、「高速忍び足」

を実現させている。これで地面の振動に敏感な小動物たちにも気づかれずに捕食ミッションを実行できるわけだ。

それにしても顔にゲジゲジだなんて、つい10分前の自分ならあまりのおぞましさに叫びながら跳び回っていたことだろう。ただの「慣れ」にするには、我ながら急激すぎる気の変わりようである。とすれば、これはやはり「呪いが解けた」と表現するのが妥当であるように思う。

考えてみると理に沿わない。そもそも、僕は脚の多い虫は好きだし、デカい虫も好きなのだ。オオムカデやタランチュラは素手で触れるのにオオゲジだけは近づけないというのはおかしい。あまりにショッキングなシチュエーションで初遭遇を果たしたのがまずかったのだろう。

本来は個人的に好みの要素が詰まった虫であるのに、ずっと嫌いだと思い込んでいたわけだ。なんと不幸なすれ違いだろう。でもこれで大丈夫。もうオオゲジを無闇に恐れることはない。他の虫たちと同様に接することができる。

つまるところ何がいいたいかというと、虫嫌いというのはたいていの場合、さして理にかなった根拠もなく、その虫の本質と離れた部分で「食わず嫌い」をしているものなのだ。それを克服するには、どんなに弁の立つ虫愛好家の説得を受けるよりも、猛毒や牙でももっていない限りはひと思いに素手でつかんでみればいい。そうすれば、その非力さと無害さに触れてすんなり受け入れることができるものだ。

ん？　ならお前もクロゴキブリを素手でつかんでみろって？

うーん、そのうちやるわ。そのうちね。

ファンシーすぎるカタツムリでライターデビュー

生物専門の物書きとして仕事をはじめて10年以上が経つが、思い返してみるとそのきっかけとなった最初の仕事、いわゆるデビュー作も虫をテーマにしたものであった。

その虫とはでんでん虫、つまり陸産貝類、またの名を陸貝だ。もちろんただのでんでん虫ではない。数ある陸貝の中でも格別にかわいらしい「アオミオカタニシ」という殻の直径が15㎜ほどしかない南西諸島に生息する小さな貝である。

このアオミオカタニシだが、まず色からして他の陸貝とはひと味違う。ふつう、陸貝のカラーリングは貝殻もボディもベージュだったり褐色だったりとあまり派手なものではない。ところがこの貝は実にファンシーな、パステルグリーンの殻をもつのだ。

いや、この表現は正確ではない。正しくは無色透明な貝殻をもち、そこへ格納された肉が透けて見えているのである。そう、アオミとは「青身」。貝殻を除く体の大部分が緑色なわけだ。彼らは植物の葉上に繁殖する菌類を食べるため、この異様とも思えるグリーンは葉の色に自身を溶け込ませる保護色だ

色合いから顔の造形までかわいすぎる陸貝、アオミオカタニシ。記念すべきライターデビューを飾ってもらった思い出の貝でもある。

と考えられる。

この体色だけでも日本産陸貝としては十分にアイドルたる資質を有するのだが、本種最大の魅力はその顔面にある。顔立ちが図抜けてかわいいのだ。

でんでん虫の顔なんざ、どの種類でも大差がないように思われるかもしれない。それこそどいつもこいつも童謡の「かたつむり」に「つのだせ やりだせ めだまだせ」と歌われているように、ニョンと柄のように伸びた触角の先端に眼がついている、という顔つきなのではと。

そうしたいわゆる「でんでん虫らしい」眼をもつ陸貝は「柄眼目（へいがんもく）」というグループに分類されるのに対し、アオミオカタニシは「原始紐舌目（げんしじゅうぜつもく）」というタニシやリンゴガイなどと同じグループに属する。「陸田螺（おかたにし）」とはこうした分類学上の位置づけを反映した名であり、それを裏付ける要素として本種の殻口にはタニシと同じように硬いフタがついている。

では、彼ら「タニシの仲間」はどんな顔をしているかといえば、柄眼目の貝たちとは逆に触角の付け根に眼がついている。特にアオミオカタニシの場合、眼の位置と大きさ、ほんのりと頬が赤みがかった白い肌とのコントラストが実に絶妙。人為的にデザインされたのではないかと思えるほどに、マスコット的な愛らしさに満ちた顔つきをしている。パステルグリーン（に見える）の貝殻からこの顔が出ているのだから、これはもう参った。ポケ○ンやらサン○オの世界に登場しても違和感のない、フィクショナルなキュートさである。個人的には、かの有名な流氷の妖精ことクリオネを差し置いて「もっともかわいい軟体動物」ではないかとさえ思っている。

で、そんな彼らについて「沖縄にはアオミオカタニシってでんでん虫がいて、それがめちゃくちゃかわいいからみんな見て見て」というシンプルな記事を書いてウェブ媒体へ寄稿したわけだ。今になって振り返ると文も稚拙なら写真もイマイチ。まともとは言い難い出来だったわけだが、当時はアオミオカタニシを詳しく紹介したインターネット上の記事は少なく、それなりの反響を得た。俺の目とセンスに狂いはなかった、と一定の自信をつけてスタートダッシュを切ることができたわけで、今でもアオミン（と心の中で呼んでいる）には感謝している。

その後もウェブコラムやSNSなどで布教を続けた結果、アオミオカタニシはそのかわいらしさが広く認められてきた。少なくとも陸貝界隈の花形としてSNSを中心にその知名度を大幅に上

本種の漢字表記は「青身陸田螺（あおみおかたにし）」。貝殻そのものは無色透明で、その内側の臓器が緑色なのだ。

げており、ちょっとは自分の功労もあったはずだと内心で少し自惚れつつ、うれしく思っている。

なお、アオミオカタニシは現在、沖縄県の発行するレッドデータブック上では危急種として記載されている。彼らは少しの緑地さえあれば市街地の公園でも見られる貝なのだが、この扱いはどうしたものだろうか。

問題は陸貝特有の移動能力の著しい低さにある。彼らは飛ぶことはおろか走ることすらできない上、乾燥にも弱いためちょっとした荒地を越えて新たな生息地へ移り住むことができないのだ。つまり、「生息地がなくなる＝その地域のアオミオカタニシたちが丸ごと滅ぶ」ということになる。開発による森林の伐採は年々増すばかりで、本種をはじめとする森林性の陸貝たちは毎年着実にその数を減らしているのだ。

人間とは現金なもので、いくら貴重であっても見た目にこれといった特徴のない虫とその生息環境の保全を訴えたところでろくな反応は期待できないのが現実だ。ところが、ヤマネコしかりアマミノクロウサギしかり、イルカにウミガメしかり。一般的にキュートでプリティーとされる生物を引き合いに出せば大きな賛同を得られる。その点、アオミオカタニシはその資質が十分にあるはずだ。

ゆくゆくは彼らがヤンバルクイナやイリオモテヤマネコに続いて沖縄県における陸域環境保全のマスコットになりはしないかと、はじめて自分の書いた文章が世に出たあの日からずっと密かに期待している次第だ。

子どもの頃のロマンと出会う楽しみ

僕はどんな生物を相手にする際も、ふたつの柱を軸にして行動している。

まずひとつは「未知の生物と遭遇すること」で、ざっくりいうと新種の生物を探すような冒険を指す。

そしてもうひとつは「憧れの生物に会いに行くこと」だ。子どもの頃から図鑑やテレビでその姿を見て「いつか実物をこの手で捕まえたい！」と恋焦がれていた生物を探してまわる行脚である。

こうした憧れの対象は虫だけに限ってもキリがないほど多く、楽しみが尽きることはない。この幼少からの憧れを辿る虫探しはたいへん楽しいし、成功すればその都度に大なり小なりの夢が叶っていくのだから、アドレナリン分泌による興奮がすさまじい。

子どもの頃は両親から与えられた虫の本ばかり読んでいたもので、こちとら知識ばかりは豊富なのだ。だが本を通じて知れば知るほど、それだけでは満足できなくなっていく。実物を見たい、採りたいという欲求が頭をもたげはじめる。やがてそれはフラストレーションとなり、発散のために新たな書籍や図鑑を読み漁る。そうしているうちに、気づけばいつか採らなければならない虫たちは数えきれないほどに膨れ上がっていた。

そうした満たされなさで長きにわたって貧弱な精神と行動力が引き絞られ続け、それらは弓に弦にとなって成人後に弾かれた。金ができれば手当たり次第に矢のように、あちらこちらへ虫を魚を捕まえに行く日々がはじまるのだ。壮大な調子で語っているが、要は幼少期にビデオゲームや漫画を禁止されていた人ほど成人してからそれにのめり込みやすいというのと同じ話である。

とはいえ、海外の虫ならあまりに遠い存在ゆえにある程度諦めもつくものだ。問題は国内の、しかし子どもの力では生息地へ辿り着けないやつらである。中でも幼い頃の僕が特に焦がれたのが、日本最大のクワガタ・ツシマヒラタクワガタと日本最大の水生昆虫・タガメだった。

「ツシマヒラタクワガタ」に恋焦がれた幼少期

ツシマヒラタクワガタとの出会いは、同郷の昆虫写真家である山口進氏の著書『クワガタムシ』（小学館、1989年）の中でのことだった。この本は実に36種もの国産クワガタムシが写真つきで解説された心躍る図鑑であったが、その中でもヤツは異彩を放っていた。

火バサミのように真っ直ぐに伸びた長いアゴをもつそのクワガタは、図鑑内で群を抜いて大きかったのだ。あまりの迫力に「他のクワガタよりも大きめに拡大されているのでは」と疑念を抱いたが、写真の傍には「原寸大」の表記がある。こんなに巨大なクワガタが日本にいるのかと驚いた。

当時は対馬という島の存在を知らなかったものだから、すぐさま親に「この虫はどこにいるのか」と訊ねた。すると「対馬にだけいるらしいよ」と返ってきた。

「対馬とはどこなのか」と問いを重ねると「長崎だ」と言うではないか。それは素敵だ!!　そんな巨大クワガタの生息地に生まれ落ちた僥倖に心躍った。

祖父母のいる隣県、佐賀県には何度も連れて行ってもらったことがある。県外というはるか彼方にすら高頻度で足を運べる我が家のフットワークをもってすれば、県内など問題ではない。路面電車で行けるのかしらん、さすがにバス利用だろうかと思い巡らせながら、ぜひとも近いうちに連れて行ってほしいと頼んでみた。が、両親の口から放たれたのは「それは無理だ」という思いがけない返事であった。

なぜ。佐賀まで行けていながら、なぜ対馬には行けない。

納得いかなかったが、詳しく訊けば対馬へアクセスするには「飛行機に乗らねばならない」というではないか。「飛行機」、海外の異国へ行く際に使う乗り物だ。搭乗するには高い金を払う必要があると聞く。対馬とはそんなにも遠いのか。そんなにも遠い県内移動があるものなのか。

それ以来、僕は対馬という土地に対して複雑な思いを抱くようになっていった。なにやら面白い昆虫を図鑑で見つけ、ふと名前に目をやるとツシマカブリモドキだのツシマフトギスだの、ことごとく「ツシマ○○」とくる。もちろん分布域の欄には「対馬」だ。「対馬」にばっかりイイ虫がいてズルくないか⁉「沖縄」とか「南西諸島」とかいう場所にも同様の苛立ちを感じてはいたが、そちらは露骨に遠隔地すぎるので悔しくともまだ諦めがつく。前述した、八重山に分布するヤエヤマサソリとマダラサソリでも辛い思いをしたが、県内なのに手が届かねえというのがことさらに歯痒いのである。「大人になったら必ず対馬でツシマヒラタクワガタを採るぞ！」幼い僕は長崎市内の自宅で固く誓った。

それから30年近く経ったある夏、僕はついに出会いを果たす。あれだけ思い入れしていたわりに実現が遅いようだが、その後の人生で行きたい場所、見たい虫が増えすぎたため、ズルズルと後回しにしていたのだ。

ちなみに、このときは対馬市から生物に関する講演依頼を受けての訪島だった。まさか大人になって、仕事で対馬へ来ることになるとは！ あの頃、対馬に思いを馳せていた僕に「安心しろ。将来は対馬にタダで行ってクワガタ採って、なんならそれで金までもらえるようになるからよ」と教えてあげたい。

さて、講演会を控えた前夜である。本来はじっくりと休んで仕事に備えるべきなのだろうが、どうしても辛抱たまらなくなり、市街地にあるホテルから徒歩圏の山へフラフラと吸い込まれるように立ち入ってしまった。山とはいえ、すぐそこにコンビニもあるしスーパーマーケットもある。こんなに街が近くてはクワガタなんてほとんどいないのではないか。そもそも、この山にクヌギが生えているかもわからない。でも、足が勝手に山へ分け入ろうとする。我慢してホテルに帰ったところで、ソワソワして寝つけないのもわかる。

ダメでもともと、の覚悟で山へ入った数分後のことだ。最初に目についた細いクヌギの木をヘッドライトで照らすと、いきなりいた。黒い影。長いアゴ。ツシマヒラタクワガタだ。

バチン！ と心臓が高鳴った。そんなに大きくはないが、すらりとしたこのシルエットは長崎市内で見慣れた太短いヒラタクワガタとは明らかに違う。ああ！　あの日、図鑑で見たあのクワガタだ！

これには感激した。こんなに簡単に見つかるものなのか。もっと早く、大学生の頃にでも来ていればよかった。喜びと、後悔と、呆気なさとが交錯した感動であった。

だが、余韻に浸る間もなく、怒涛のツシマヒラタラッシュが襲いかかる。ファーストツシマヒラタを見つけた木に再び目をやると、いるいる。まだまだ同じくらいのサイズのツシマヒラタクワガタがくっついている。頭上の枝にも！　めくれた樹皮の隙間には雌もいる！

チャンスだ。ここは資料用に、野生のツシマヒラタクワガタたちの姿をありのままに写真や動画に残しておくべきだろう。きっともっと大きい個体もこの後には見つかるはずだ。今ここで慌てて捕まえる必要はない、と思っていたのだが、体が勝手に動いていた。気がつくと両手に何匹ものツシマヒラタクワガタがギチギチと蠢（うごめ）いているのだった。写真は1枚も撮っていなかった。クワガタを収容する入れ物も持っていないので、両手が塞がったまま夜の山中でただ立ち尽くすのみ。

どう考えても三十代の男がとる行動ではない。最低限の我慢もできない小学生の挙動である。でもしょうがないじゃないか。それこそ小学校低学年の頃からおあずけを食らい続けたご馳走が目の前に並んでいるのだから！

まもなく落ち着きを取り戻し、両手でもがくクワガタたちをク

樹液に集まる大きなツシマヒラタクワガタの雄と、それを取り巻く雌たち。幼少の頃から夢にまで見た光景だ。

ヌギの幹へ帰したが、手は震えていた。興奮は冷めやらぬ。その後も、10本足らずのクヌギを見て回るうちに何匹ものツシマヒラタクワガタを見つけては捕獲、リリースを繰り返した。もちろん、見つけた瞬間に反射的に手を伸ばしていたので写真はまともに撮れていない。中には60㎜ほどの立派な個体も交じっており、ホクホクで宿へと戻った。60㎜といえば、それこそ地元では大物あつかいされるサイズである。それがこんなに短時間で、宿のすぐそばで見つかるなんて！「これは明日の講演会でも自慢できるぞ！」と満足して布団へ潜った。

本気モードで日本最大のクワガタ探し

しかし翌日。講演会場で主催者である観光物産協会の担当者に昨晩の大漁劇について話すと「あー、じゃああんまり大きかのはおらんやったとですね」と悔しそうな顔をされた。……はい？「ツシマヒラタは70㎜を超えるなんて当たり前（半笑い）。60㎜台なんてツシマヒラタとしては小さい方ですよ（半笑い）。その程度じゃツシマヒラタとは呼べないまでありますね（鼻で笑い）」

なるほど。たしかに僕は対馬へ「日本最大のクワガタ」を見に来たのであるから、その風格を存分に備えた個体と出会うまで満足してはいけないはずだ。ならば探すぞ、70㎜超えのツシマヒラタクワガタを！

というわけでその後、本気モードで二晩にわたって対馬の里山を巡ってみたが驚いた。いるわいるわ。人里から山の上までツシマヒラタクワガタだらけである。特に地元の方に教えてもらった秘密のポイントに至っては、雄だけでも10や20ではきかない数が見られた。それだけの数が登場すれば、もはや60㎜

を超える個体ですらめずらしいものではなくなってくる。

だが、やはり70㎜を超える「ツシマヒラタらしい大物」にはついぞ出会えなかった。

まあ、自然が相手なのでこればかりは仕方がない。そもそも数日間の滞在で「特大級」を拝もうという考えがおこがましいのだ。そう自分に言い聞かせつつも、「また来年の夏に持ち越しかぁ」と後ろ髪を引かれる思いでホテルへ向かって林道をレンタカーで駆けた。

すると道中、アスファルトの上でなにやら黒光りする物体が動いているのが目についた。「まさかな」と思いつつ、路肩へ車を停めた。

こういう場合、ついクワガタを期待してしまうが、その正体はたいていゴキブリをはじめとするその他の大型黒色昆虫である。だからあまり期待してはいけない。だが、期待せずにはいられない。「別に全然期待してないし。どうせ違う虫だって予想ついてるし」と心の中で予防線を張りつつ黒い影に近づく。

そこにいたのは、実に73㎜にも達する特大のツシマヒラタクワガタだった。

「ほらな！　やっぱり思った通りだ‼」

つかみ上げたクワガタはずっしりと重く、カブトムシにも勝る異様な存在感を放っていた。鉄の塊を思わせるその威容は、まさに幼い日に図鑑の中で見たままのものだ。およそ30年越しに夢が叶った瞬間だった。

ちなみに、拾い上げる際に緊張から手が震えていたせいで、その立派なアゴで指をはさまれてしまった。ヒラタクワガタの仲間は数あるクワガタの中でも格別に力が強く、はさまれれば大人でも叫び声を

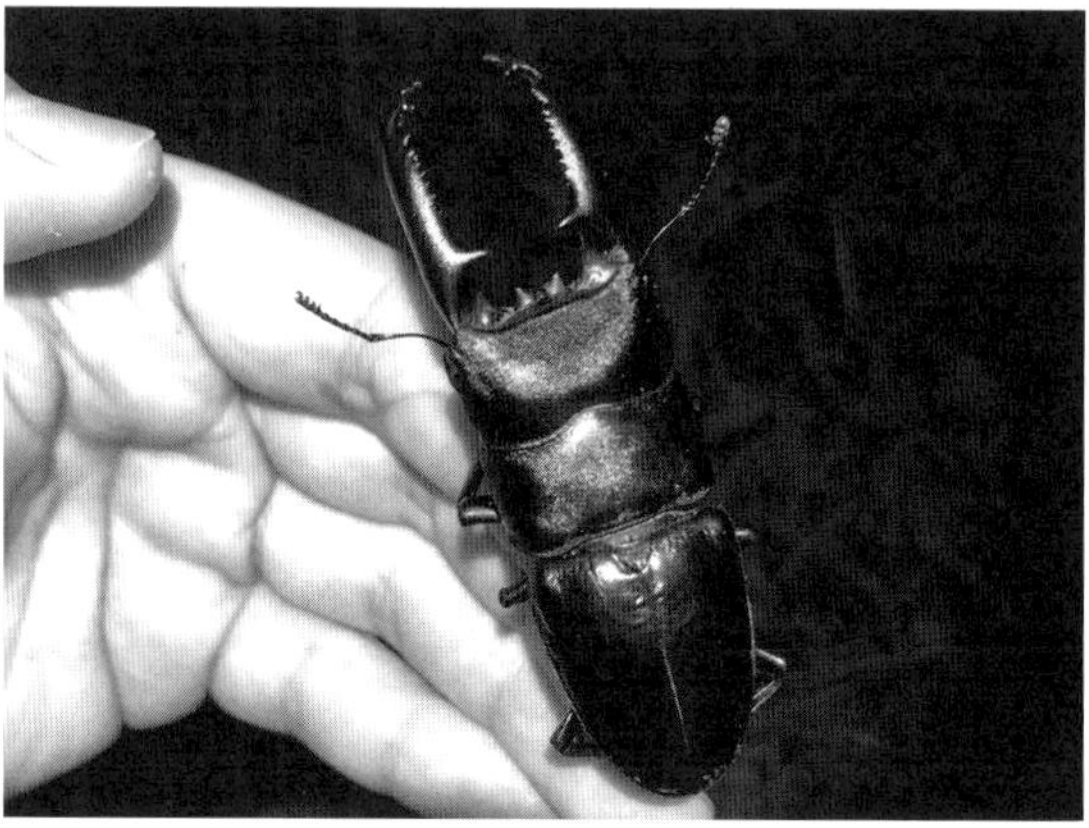

約30年越しに手にしたツシマヒラタクワガタ。図鑑で見たまま、いやそれ以上の迫力と美しさ。もっと早く会いに来ればよかった！

上げるほどの痛みを味わうこととなる。だがこのときはあまりの興奮からか、たいして痛みも感じなかったのを覚えている。こうして、小学生時代にやり残してしまった夏休みの宿題を片付けた僕は、翌朝に大満足で対馬を後にしたのだった。

だが、恐ろしいことにツシマヒラタクワガタは最大級のものではなんと全長80㎜を超えるのだという。73㎜なんてまだまだ序の口ということらしいが、果たして80㎜の個体がどれほどの迫力を纏うのやら、もはや見当もつかない。そんな個体を見られるその日まで、今後は対馬訪問が毎夏の恒例行事となりそうだ。

日本最大の水生昆虫「タガメ」

もうひとつ、夏が来るたびに焦がれては手がかりすら得られず空振りを繰り返した虫がいる。

日本最大の水生昆虫、タガメだ。タガメは水中生活を送る巨大なカメムシの一種で、魚やカエル、時にはイモリやザリガニといった小動物を捕らえて食う。巨大かつ獰猛な肉食昆虫となれば、虫好き少年が興味をもたないはずがない。

だが、タガメは古今東西の昆虫図鑑に必ず掲載される超メジャー昆虫にもかかわらず、平成の世においてすでに遭遇の機会は極めて少なくなっていた。特に僕が生まれ育った長崎市は急勾配な地形ゆえに水害を防ぐ目的で治水が進んでおり、ほとんどの河川は三面をコンクリートで護岸されていた。さらに水田も少なく、農業用のため池もほとんどないときている。タガメは繁殖に際して水生植物を必要とするため、こうした環境では命を繋ぐことができない。そんな事情ゆえ、地元でこの虫に出会うことが不可能であると、当時小学生の自分でも薄々わかっていた。

ただ、父方の祖父母は里山環境が多く残る佐賀県に暮らしていたものだから、父が実家へ帰省するたびにそちらへ可能性を求めた。毎年の夏休みに祖父母の家へ遊びに行くと、朝はクワガタを探し、陽が高くなってからは田んぼとその周囲のため池へタガメの影を探してさまようのが定番のイベントとなっていた。

佐賀といえば当時は九州きっての、いや全国でも指折りの田舎県として各種メディアで揶揄されていた県である。ここでタガメが見つからずして、どこで見つかるというのか。

しかし、現実は甘くなかった。なんとか近縁のタイコウチを見つけるのが精一杯だった。まさか佐賀のポテンシャルをもってしても姿さえ見られないとは。

「いつかきっと見つけてやる」

前向きな敗北宣言を心中で唱え、タガメを追う少年の夏の日は毎年終わっていくのだった。

日本最大の水生昆虫であり、その大きさは折り紙つき。針のようなその口器に刺されたときの痛みはハチやムカデにも劣らない。

転機がきたのはそれから10年以上が経った2010年夏のことだった。当時、僕は茨城県で学生生活を送っていたのだが、川辺で知り合った、たまたま魚釣りに来ていた青年が昆虫の研究をしている学生で、タガメにもたいへん詳しかったのだ。

僕もタガメに憧れていること、そして実物を撮影したい旨を話すと「あんたは信用できそうだから」と、気前よく茨城県内のタガメ生息地を教えてくれたのだ。当時、タガメは高額で取引される昆虫であった。もし僕が金目当てにタガメを乱獲するような輩だったとしたら、その貴重な生息地はきっと見るも無惨に荒れていたことだろう。彼が人を見る目のある男でよかったよかった。

問題は、教えてもらったそのポイントが同じ県内とはいえちょっと遠かったことだ。当時、貧乏学生だった僕は30年ものの旧型原付バイクで、片道4時間以上もかけてその水辺へ走った。尻が今まで感じたことのない痛みに悲鳴を上げていたが、「ついにタガメを見られる!」という興奮で気にもならなかった。

日付が変わる前には自宅を出たのに、水辺へ着いたのはすっかり夜が明けたころだった。ヘイケボタルが周囲を飛び交い、トウキョウダルマガエルの鳴き声が響くその水辺からは、暗闇の中にあってもなおタガメも生息できる豊かな環境が残されていることがひしひしと感じ取れた。ライトを持っておそるおそる水面をのぞきこんでみると、大きな褐色の虫が水面下をスイスイと泳いでいる様子がいきなり照らし出された。

「タガメだ……！」

わかっていたこととはいえ、心の中で叫び声を上げてしまった。慌てて胴長を履いて水へ飛び込む。すると、いるわいるわ。泳いでいるもの、水草に絡みつくもの、杭につかまっているもの、捕らえたザリガニを一心不乱に食うもの……。なんと周囲はタガメだらけ！

この瞬間を迎えるまでに20年以上がかかってしまったが、その間のフラストレーションを霧散させるのに十分な絶景だった。当初は、ひと目でも見られればいい、くらいに思っていた。だが、この大盤振る舞いを見れば欲も出る。捕まえてみるしかない!!

後脚で水草につかまっている、一際大きな個体に目をつけた。体格のよさからいって、おそらく雌だろう。そっと手を伸ばすが、逃げ出すようなそぶりはない。あと10㎝……、あと5㎝……。もうすぐで憧れの虫をつかみ上げることができる。その興奮と緊張からか、タガメの目の前でつい手が止まってしまった。これがいけなかった。

次の瞬間、タガメは目にも留まらぬ速さで鎌のような形状の前脚を使って僕の指を押さえ込んだ。どうやら僕の指を餌だと勘違いしたらしい。あまりの早技に驚いていると、その指に鋭い痛みが走った。まるでアシナガバチに刺されているような感覚だ。ただアシナガバチと決定的に異なるのは、あちらが外敵の排除を目的とした一撃離脱型の攻撃であるのに対し、タガメは捕食のつもりで挑んできているのでなかなか指を離してくれないことだ。

2本の前脚は見た目以上に力強く、ガッチリと固定されている。事の重大さに気づいていなかった僕は、これは貴重な体験だと喜び、呑気にもその様子を写真に収めてしまったのだった。

時間にして10秒そこらのことだったと思うが、これがまずかった。カメラを仕舞って前脚と口器を引き離すが、指には既にゾクン、ゾクン、と心臓の鼓動とリンクする疼痛が宿っていた。おっ、これは毒だな！ と確信できる症状だ。その後はみるみるうちに手全体が1・5倍ほどに腫れ上がっていった。なお、患部は翌日からはすっかり痛みを痒みが上回り、1日中手をかきむしるハメになってしまった。

ああ、やっちまった。実はタガメって毒虫だったのだ！

こんなことは子どもの頃に読み漁ったどの図鑑にも書いてはいなかった。実際に触れてみてはじめてわかることもあるのだとあらためて思い知った瞬間だ。本なんてアテにならねえな！

だが、中には「タガメは針のような口器を獲物に刺し、麻酔液を打ち込んで動きを止め、消化液を注入して溶かした肉を吸い取る」と書かれているものはあった。ザリガニにもぶっ刺せる口器に麻酔液&消化液……。ああ、それって毒針と毒液のことだわな。刺されたらまずいことは察しがつく。読解力って重要だ。ただ、人間の手も餌と認識すること、前脚でホールドされたらなかなか離してもらえないことも書いてある親切な本があってもよかったのではないか。というわけで、今この文章を書いている次第です。

ちょうどこのときはライターとして活動をはじめようという頃だった。少年時代から憧れていた虫と初対面し、図鑑では知ることができない一面を見せてもらうこの一件は、ひとつのターニングポイントだったように思う。単に夢叶ってうれしいという次元を超えた、思いのほか衝撃的なイベントとして心に響いたのだ。

こうした出来事こそ文章として記録し、同好の士らに伝えなければならない。そして、こういう直球すぎて逆に搦手じみたレポートを率先して世に出せるのは、おそらく自分だけだろう。ならば僕が、生物愛好家たちのエースにならなければ、と勝手に謎の自負と決意を抱いた朝だった。

今でもその思いは変わらない。が、この使命感とヒロイズムは、どうもタガメに刺された喜びと痛みによって脳内麻薬が過剰に分泌された後遺症なのではとも思う。

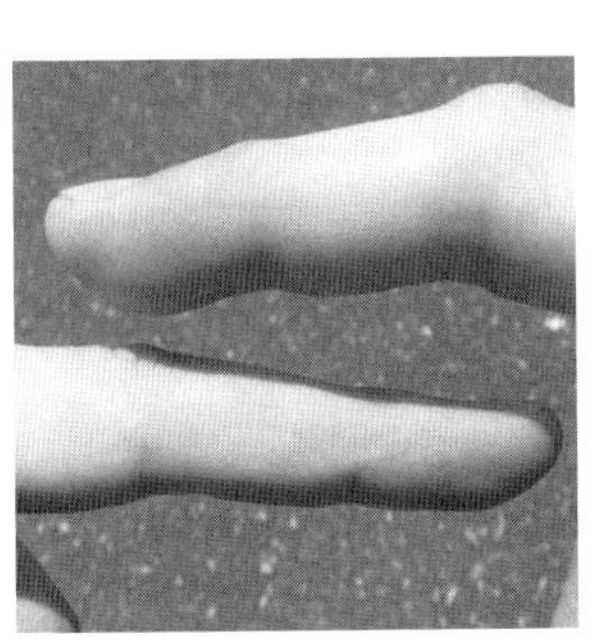

タガメの毒で腫れ上がった指（上）。刺されていない指（下）と比べると差は一目瞭然だ。

何に惹かれ、何を嫌うか……危険生物から見えてくる虫の世界

「なぜ虫が好きなのか」

虫を嫌う人々からこう問われることがある。これがけっこう難問で、「好きだから好き」「面白いから好き」と曖昧に答えるほかない。こちらとしてはほとんど先天的に好きなのだから、そこに大きな理由なんてないわけだ。

強いていうならその造形や生態が、人間の常識からかけ離れていることに好奇心を刺激される、といったところだろうか。脚が多いとか、全身が鋭いトゲに覆われているとか、幼虫から蛹、成虫へと変態を遂げるだとか、毒があるとか、そういった特殊性に惹かれているわけだ。

虫嫌いからすれば、そういう要素こそ虫を嫌う理由そのものなのかもしれない。特に、毒だの牙だのという人体に危険をおよぼ

全身をトゲで覆われたキリギリス Phricta spinosa。苦手な方にはたまらないタイプの虫だろう。

日本最大のクモ。オオジョロウグモ。大きなクモは不当に嫌われがち。毒性を連想させるのだろうか。

す特徴は、嫌われる要因としては至極真っ当だから、そこを好くのはおかしいと思われるだろう。だが、この手の話は空想上の怪物にも通ずる部分がある。

なぜ人はモンスターパニックものの映画を好み、故・水木しげる氏の妖怪図鑑に見入ってしまうのか。それは化け物たちの姿が奇怪、かつ人にとって脅威となる能力を備えているからに他ならない。人は異様な容姿や危険性を備えた生物に対して、畏れと憧れを抱くものなのだ。

空想の怪物ばかりではない。動物園へ行けばライオンやトラといった猛獣の檻に人だかりができているし、毒蛇やサソリ、スズメバチといった危険生物をモチーフにしたブランドロゴなど枚挙に暇がない。恐竜の中でも一番人気が大型肉食恐竜のティラノサウルスである理由は？　人を殺める危険を秘めた刀剣や銃火器の愛好家が絶えないのはなぜ？

それは、人が強いものに惹かれるからだろう。「危ない」は「強い」なのだ。

カッコいい虫の定義——キモいとカッコいいは紙一重

本書では虫たちに対して「カッコいい」と称賛する表現を多用してきた。では、彼らのカッコよさの本質とは一体何だろうか。

まず、カッコいい虫と聞いて誰もが思い浮かべるのがカブトムシやクワガタムシあたりだろう。昆虫界の一番人気だ。彼らが人気者たる理由はいくつかあるが、まず体が大きいことだろう。でっかいことはいいことだ。それだけでカッコいい。さらに、ツノ（クワガタの場合はアゴ）が生えている点も大きい。サイやゾウなどの獣、あるいは大きな爪と牙を備えた恐竜など、大柄で突起物が多いほど、人の目にはよりキャッチーな存在かつ畏怖の対象として映るのだろう。

では、小さな虫はカッコよくないのかといえば、決してそんなことはない。ゴマ粒ほどの大きさの体に、複雑なギミックが詰め込まれた微小な虫たちにも、小さいがゆえの魅力がある。たとえば体長わずか0・2㎜しかないホソハネコバチやアザミウマタマゴバチなどは、肉眼での認識が難しいほど微小でありながら、ハチらしいスタイリッシュな体構造をそのまま備えている。

流体力学的に完成されたシルエットのゲンゴロウは突起物がなくともカッコいい。これこそが機能美！

カブトムシでいうと南米に産するアブデルスツノカブトという種が最小級だが、こちらも小さな体に立派なツノを生やしておりコンパクトながらも大型種に負けない迫力がある。あるいはサソリ編で紹介した沖縄県の八重山諸島に分布するヤエヤマサソリは親指の爪ほどの大きさしかない。一見するとカニムシか大きめのダニのようだ。だが、よくよく観察するとちゃんとハサミと毒針を装備したサソリそのものの姿をしており、そのミニチュアアートのような造形美には息を呑む。

これらは「小さいからこそのカッコよさ」で輝いている虫だといえよう。そもそも虫とは小さな存在なのだから、そのほうがむしろ虫らしいカッコよさだといえるかもしれない。

色とりどりの翅をもつチョウやガの美しさはいうにおよばず。カラーリングのかっこよさなら体表に金属光沢をもつタマムシやオサムシ、もしくはナナホシキンカメムシに代表されるカメムシ類も捨てがたい。

昆虫界随一の飛行能力を備えたトンボには、カブトムシとはまた違った、どこか神経質なほどに研ぎ澄まされた機械的な美しさがある。

水の抵抗を受け流すことに特化した流線型のボディをもつゲンゴロウにも見惚れる。無駄を削ぎ落としたカッコよさもあるということだ。

そう、虫のカッコよさ、美しさとはひとえにその小さな体に凝縮された「機能美」なのである。

虫は生物の中でも特にバリエーションが豊富なグループで、昆虫だけでもその種数は100万種に近いとされる。つまり100万通りの生態があり、その暮らし方ごとにオーダーメイドのボディデザインがあるということだ。そこに宿る美しさは、工業製品などにも通じる洗練された美である。

そういう視点で見てみると、ゴキブリの平たい体は物陰や岩の隙間に逃げ込むのに適したものであるし、あの妙にテカテカした体は腐肉や果実にかぶりついても汚れを拾いにくい構造だと考えられる。15対にもおよぶゲジゲジの脚も、圧力を分散させることで足音を消して獲物のもとへ高速で駆け寄る上で必須のものだとわかる。逆に脚がないことで気味悪がられるミミズにしたって、地中にトンネルを掘って暮らす上で、周囲にひっかかる脚なんざ邪魔にしかならないのだから、あのツルンニョロンとした形こそが「機能美」なのだ。

どうだ、キモいと蔑まれる虫たちもだんだんカッコよく見えてきたのではないだろうか。

そう。結局のところ「キモさとカッコよさとは紙一重」ということだ。

外来生物は「悪い」生き物？

虫の話をしていると、避けては通れない話題がある。外来生物問題だ。

「外来生物」とは本来その土地に分布していなかったはずが、人間の手によって他地域から持ち込まれた生物を指す。反対に、元からその土地に暮らしていた生物は「在来生物」と呼ばれる。

本書に登場した虫たちの中から例を挙げるなら、セアカゴケグモや、アフリカマイマイなどが「国外由来の外来種」に該当する。あるいは、カブトムシも本来は分布していなかった北海道に数十年前から定着しており、こうした国内で移入が生じた例は「国内由来の外来種」として扱われる。

外来生物はその土地本来の生態系に影響を与える恐れがあるため、排除すべき「悪い生き物」として扱われがちだ。一方で、彼ら自身はそれぞれが在るがままに在るばかり。責任は持ち込んだ人間側にあるのが明白なことから、駆除について批判的な意見も昨今では多く聞かれるようになった。

両意見は保全側の視点と感情的・倫理的な視点とで立ち位置から異なる。どちらが正しいと断言できるものでもないが、この2択を問いかけられた際には以下のように答えるようにしている。

まず、外来生物たちには非がないこと、駆除されるとなった場合に彼らは完全な被害者であることはたしかだ。人間の都合で無理やり連れてこられて、これまた人間の都合で追い立てられるなど、こんなに残酷でかわいそうな話はそうそうない、と僕だって思う。

だが、ならば彼らをほったらかしにするのが人道的に正しい選択かといえばそうではないはずだ。「かわいそうだから」と駆除を拒むのは、罪のない生物を手にかける後味の悪さを味わいたくないという、これまた人間のエゴイズムに他ならない。

他地域から生物を持ちこむという過ちを犯した以上、人間は被害者たちに対して責任をもって償いをまっとうしなければならない。この場合、在来生物と外来生物のどちらもが被害者にあたるわけだが、償いの対象にはその片一方を選択する必要がある。ここで情を引き合いに出しては埒が明かない。

心を鬼にして合理的に考えてみると、地域ごとに異なる生物多様性は人類にとって大きな財産であるから、在来の生態系を優先するのが筋だろう。よって外来生物の駆除を選択すべきだと判断する。

もちろん、駆逐されていく外来生物に対して憐憫の情は抱く。罪悪感に苛まれる。気分のいいものではない。だが、その精神的葛藤も外来生物を生み出した罪に対する罰の一端だと捉えるべきだろう。「かわいそうだから」という優しさは、責任から逃れるための甘えでもあるのだ。

このように、いったん外来生物が定着してしまうと、多くのケースではどう転んでも悲劇にしかならない（沖縄県伊平屋島におけるガゼラエンマコガネを利用した牛糞処理など、計画的に活用されている例もあるが）。だからこそ、我々は日頃から生物の移動については慎重に慎重を重ねなければならない。

昆虫採集のポリシー

さて、この本を読んだあなたが、少しでも虫に興味をもってくださったなら僕はとてもうれしい。執筆した甲斐があったというものだ。中には、実際に野外で虫を探してみよう、捕まえてみようと思い立つ方もいるかもしれない。そんな人たちに向けて、最後に虫取りの極意を伝授しよう。

極意といっても、大量の虫を一気に捕獲する方法などではない。むしろその逆で、虫を採りすぎないことで長く観察と採集を楽しむという心得だ。ここから僕は虫目線のマナー講師となるが、鬱陶しがらずにぜひ読んでほしい。

虫のすみかを大切に

虫を採るということは基本的に、彼らのすみかへ立ち入ることである。その際には長袖長ズボンに長靴など自身の身を守る装備を心がけると同時に、その着衣によその土地で付着した土や植物の種子などをそのまま持ち込まないよう注意したい。うっかり外来種や病原菌を持ち込み、そのフィールド本来の生態系を崩さないための配慮だ。

また、ねぐらを暴くタイプの採集には特に注意が必要となる。虫の中には、石の下や朽木の中などに身を潜めているものが少なくない。石や倒木の下にいる虫は、その隠れ家をそっとひっくり返して探すのだが、探索を終えた後は必ず元通りの状態に戻す必要がある。地表に落ちている物体の下にできた隙間はさまざまな小動物にとって重要な空間で、それはそう簡単に再現できるものではないからだ。

石や倒木がその場に転がってから、長い時間をかけて雨水の浸潤や微小な生物たちの活動が繰り返されてようやく適度な空間が形成され、はじめて虫たちの楽園となるのだ。それを無闇に暴いて、石や倒木はその辺にほったらかし……なんてことをやらかすとその環境は失われ、そこを利用していた虫たちは行き場を失ってしまう。人間で例えれば快適な我が家がいきなり解体されるようなものだ。

さらに気をつけたいのが、クワガタムシの幼虫のように朽木の中に潜り込み、腐食した部位を食べて暮らす虫たちだ。彼らにとって朽木はすみかと同時に食物でもある。虫を見たい、採りたいあまりに手当たり次第に朽木を崩してしまうと、彼らのライフラインをまとめて断つことになる。クワガタムシが育つような朽木が自然界で出来上がるまでには①台風などで木が倒れる②倒木に菌類がはびこり、虫が餌にできる程度まで分解する、という過程を要する。最低でも複数年単位のスケジュールだ。中でもクワガタはとりわけ人気が高いため、業者や過激な愛好家が大規模に朽木を破砕するケースも見られる。

少なくとも趣味の範囲でこうした採集法を実践する場合は、節度をもって最低限度に控える必要があるだろう。おすすめはシイタケ栽培で使用され、収穫を終えて廃棄される予定のホダ木をもらってくる

シイタケの廃ホダ木から出てきたコクワガタ。朽木とはさまざまな虫の餌となりすみかとなる資源なのだ。

ことだ。ホダ木にはクヌギやクリが使用されており、シイタケの菌糸によって分解も進んでいるため実に多様な虫たちがその内部に暮らしている。クワガタがいることも珍しくないので、割っていて楽しい。ただし、虫が食いまくって隙間だらけになったホダ木はムカデのすみかにもなっているので注意が必要だ。木を割るにはナタなども使用するため、作業にあたっては革手袋の着用が望ましい。

虫たちのすみかを守る採集さえ心がけておけば、来年も再来年も、はたまた10年後、20年後も同じ場所で虫たちに出会うことができるのだ。結果的にそっちの方がお得やん?

トラップは後始末を徹底しよう

では、こちらから虫のすみかを暴きにいくのではなく、虫の方からこちらの指定した場所へ出向いてもらう方法はどうだろう。虫を誘引するトラップを用いた採集法だ。

虫を引き寄せるトラップには実にさまざまなものがあるが、もっとも広く使用されているのが臭気の強い餌を仕掛けるベイトトラップと、多くの昆虫がもつ「光に向けて飛翔する習性」を利用したライトトラップの2種である。

ベイトトラップの中でも、「バナナトラップ」はカブトムシやクワガタに対して高い効果を発揮する。その手軽さと得られる成果の大きさから近年では各種メディアで紹介され、大人から子どもまで多くの人々が夏休みに実践する外遊びアイテムとなっている。だが近年、このバナナトラップは大きな問題となりつつある。

バナナトラップはバナナに焼酎をまぶして発酵させ、網袋やストッキング、あるいはペットボトルなどへ詰めたもので、一般的に林縁に生える木の幹へ仕掛けることが多い。なんせ発酵しているバナナなのだから、そのツンと甘酸っぱい匂いは人間の鼻でもかなり遠い位置からハッキリとわかる。虫たちは人間以上に嗅覚が鋭いため、たまらず林中から集まってくるというわけだ。

ただしその日の風向きなどによって、設置した場所ごとの効き目は大きく変化する。うっかり風下に仕掛けてしまうとてきめんに不人気となり、ただ腐ったバナナが木にぶら下がるだけの現代アートめいた光景が展開する。そこで成果を確実に上げるためには発酵バナナを量産し、設置する場所を増やすという作戦に至るわけだが、それがトラブルの発端だ。

調子に乗って10個、20個と林に仕掛けていくうちにどこに仕掛けたか把握できなくなり、回収しそびれてしまうのである。そん

発酵させたバナナで虫をおびき寄せる「バナナトラップ」。手軽で効果が大きいが、近年は問題視されている。

なわけで、夏の終わり頃になると里山や公園の林縁には ガビガビに黒く乾燥したバナナの入ったストッキングやボトルが置き去りにされ、景観を汚すこととなる。僕もたまのボランティアで回収作業にあたるのだが、場所によっては数時間で大きめのゴミ袋がいっぱいになるほどの残骸が集まる。大きなマナー違反だ。

そのため、最近ではトラップの設置禁止を掲げる登山道やキャンプ場も出てきた。このままではいずれ、昆虫採集そのものが認められなくなるかもしれない。虫を末長くたくさん捕まえたければ、むしろ欲張らずに控えめな行動を心がけるべきだろう。

ちなみに、研究者などが調査目的で大量のトラップを仕掛ける際はそのすべてに所属を表記し、GPSを用いて回収しそびれないよう徹底した工夫を凝らしている。いずれにせよ、僕らのような虫ビギナーはせいぜい10個程度に抑えて確実な設置と回収を目指すべきだろう。

ライトトラップも虫を集めた後のことを考えつつ行う必要がある。ライトトラップは水銀灯やLEDランプを山間の平地や谷間などに夕暮れから明け方にかけて設置し、光に集まる習性（「正の走光性」という）をもつ昆虫を誘引するトラップだ。

昆虫が光へ向かって飛翔するのは、彼らが餌場やパートナーを探す際に月の光を指針としてフライトに臨むことに起因する。月の出ている方角へ翔び進むうちに目当てのものを発見すると、そこへ着陸するという手筈だ。

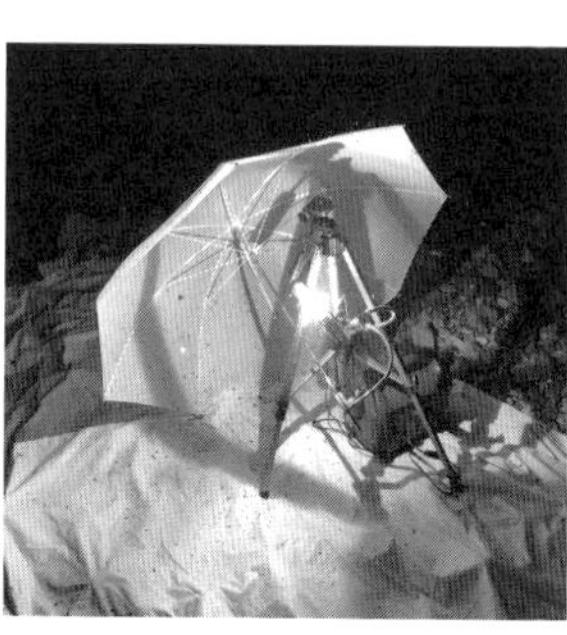

光へ向かってくる習性をもつ虫たちを集めるライトトラップ。効果的な装置だが、すみかへ戻れない虫もいる。

一晩中翔び続けたところで月にたどり着くことは絶対にあり得ないので本来なら何の問題もないのだが、これが人工光源だと話が違う。月明かりよりも明るいが手近な距離に設置されているランプの灯を指針にすると、本来向かうべき場所を見つける前に光源へ到着してしまうのだ。だが、それでも彼らの本能は眼前で放たれる光へ翔び続けることをやめさせてはくれない。狂ったように蛍光灯へ体当たりを繰り返しているガや甲虫たちは、自然界には存在しないはずの人工光と本能とのせめぎ合いが引き起こしたバグに翻弄されているのである。この仕組みのおかげでライトトラップは成立しているわけだ。

本来なら起こり得ない事態を引き起こしているわけだから、困ったことになる虫たちもいる。たとえば周辺の水辺から翔んできたゲンゴロウやタガメなどの水生昆虫たちだ。彼らの中には飛行能力を有している種も多いが、基本的に水辺から水辺へのフライトしか行わない。そんな彼らが陸地に設置されたライトトラップに飛来するとどうなるか。行き場を失って立ち往生し、高確率で干からびるかアリや獣の餌食となるわけだ。特にタガメのように絶滅が危惧されている希少な種が飛来した場合は回収してしかるべき対応をしなければならない。

ライトトラップもやりっぱなしで終わるのではなく、その場に取り残された虫たちの処遇を考えながら実践するべきだろう。

……と、最後の最後に説教くさくなってしまった、ごめん！

多少のタブーはあれど、基本的に昆虫採集や観察は自由に楽しむことが大切だ。楽しみながらフィールドを散策していれば、たくさんの虫に出会う。そして、彼らのことが「より好きになる」はずだ。好きになればなるほど虫たちの魅力が、自然界での役割が、そして彼らを取り巻く環境が抱える問題が、誰に教わるよりもどんな教科書を読むよりもよくわかってくるだろう。見つけた虫たちは、そのままそっと眺めるもよし。捕まえて飼うもよし、食うもよし、標本にして詳しい形態を調べるもよし。自分なりに一番楽しい虫との接し方を模索すべし！　もちろん、危険のない範囲でだ。

虫と出会うためには、別に世界へ羽ばたかなくたっていい。離島まで行かなくてもいい。近所の林に、いや公園にも、あるいは道端の植え込みや玄関先の街灯、はたまた家の中にだって、彼らは必ずいる。いつだってどこでだって、彼らを好きになれるきっかけは得られるのだ。

灯りに飛んでくるガって、よく見ると意外とかわいい顔をしている。アリやハチを眺めていると、虫の世界にもコミュニケーションというものがあることがわかって微笑ましい。コオロギだって実際に食べてみりゃそこそこイケるし、クワガタにはさまれれば痛いが、それって裏を返せば超強くて超カッコいいってことだろう。どの虫も、知れば知るほどみんな超面白い！

絶対、会いに行くべき。

絶対、よく観察してみるべき。

四十年近く虫を見てきた僕がいうんだから間違いないよ、絶対。

ヒメマルゴキブリ(雌)

生息地域：九州、石垣島、台湾等
食性：樹液
体長：12 ～ 13mm

偏愛ポイント❶
雌はダンゴムシにそっくりで、実際に丸く変形（p.191）できる

偏愛ポイント❷
手触りも硬くゴキブリらしくなくゴキ入門に最適

偏愛ポイント❸
ただし雄はゴキブリ感大

オオゲジ

生息地域：日本各地
食性：肉食（昆虫等）
体長：45 ～ 60mm
脚を広げると大人の手のひら大

偏愛ポイント❶
巨大で、脚がやたらと長くて多く、やたら素早いので気味悪がられがち。だが、その異形ぶりこそ愛するべき

偏愛ポイント❷
性質は大人しく、顔もかわいい。味は里芋

アオミオカタニシ

生息地域：沖縄、八重山、奄美大島等
食性：菌類食
体長：殻高約 17.5mm、殻径約 15mm

偏愛ポイント❶
緑色のカタツムリ！

偏愛ポイント❷
驚異的なまでのプリティフェイス

偏愛ポイント❸
軟体動物界において、アイドル性でクリオネに比肩しうるのはこのアオミオカタニシくらいのものだろう

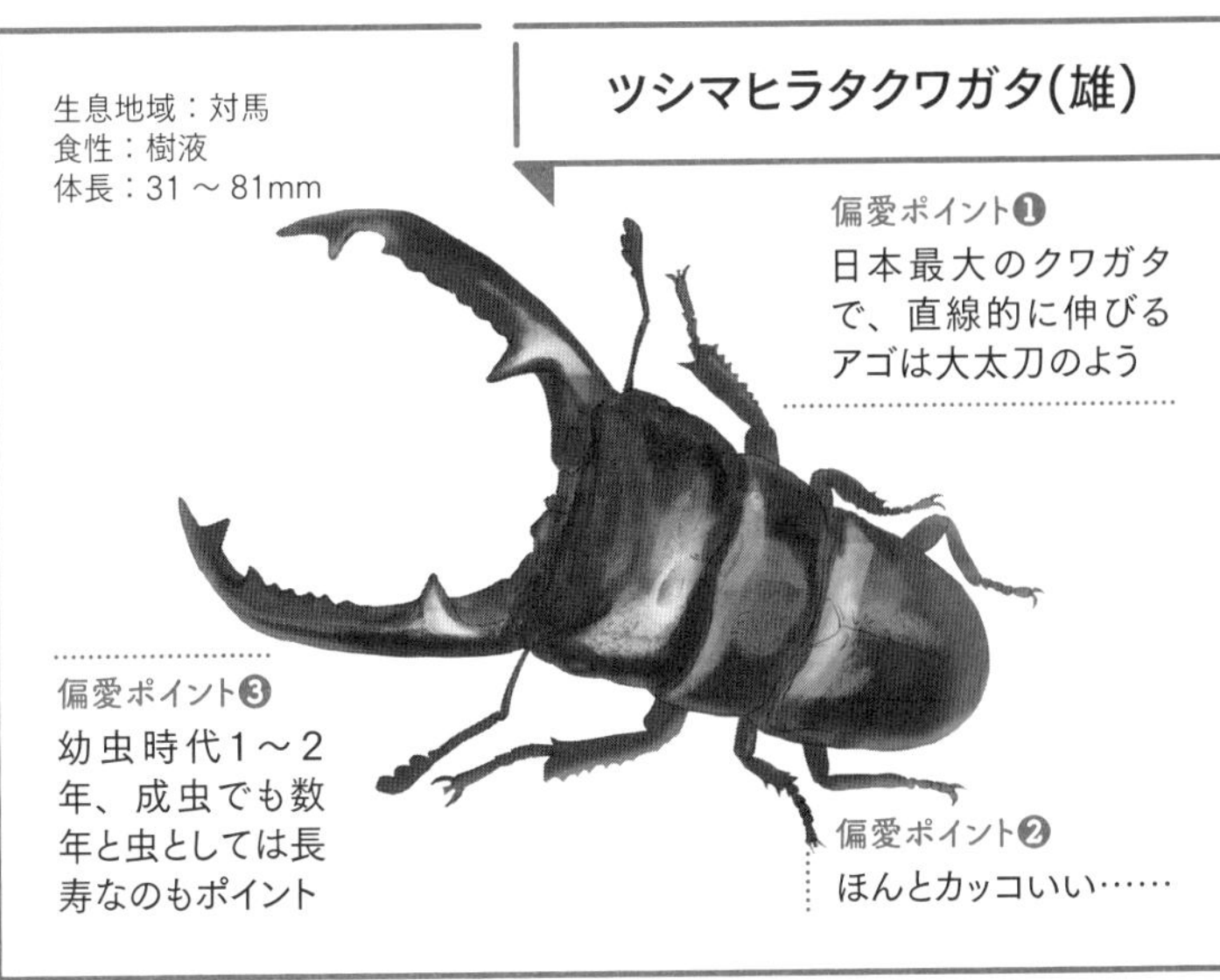
ツシマヒラタクワガタ(雄)
生息地域：対馬
食性：樹液
体長：31 ～ 81mm
偏愛ポイント❶
日本最大のクワガタで、直線的に伸びるアゴは大太刀のよう
偏愛ポイント❷
ほんとカッコいい……
偏愛ポイント❸
幼虫時代1～2年、成虫でも数年と虫としては長寿なのもポイント

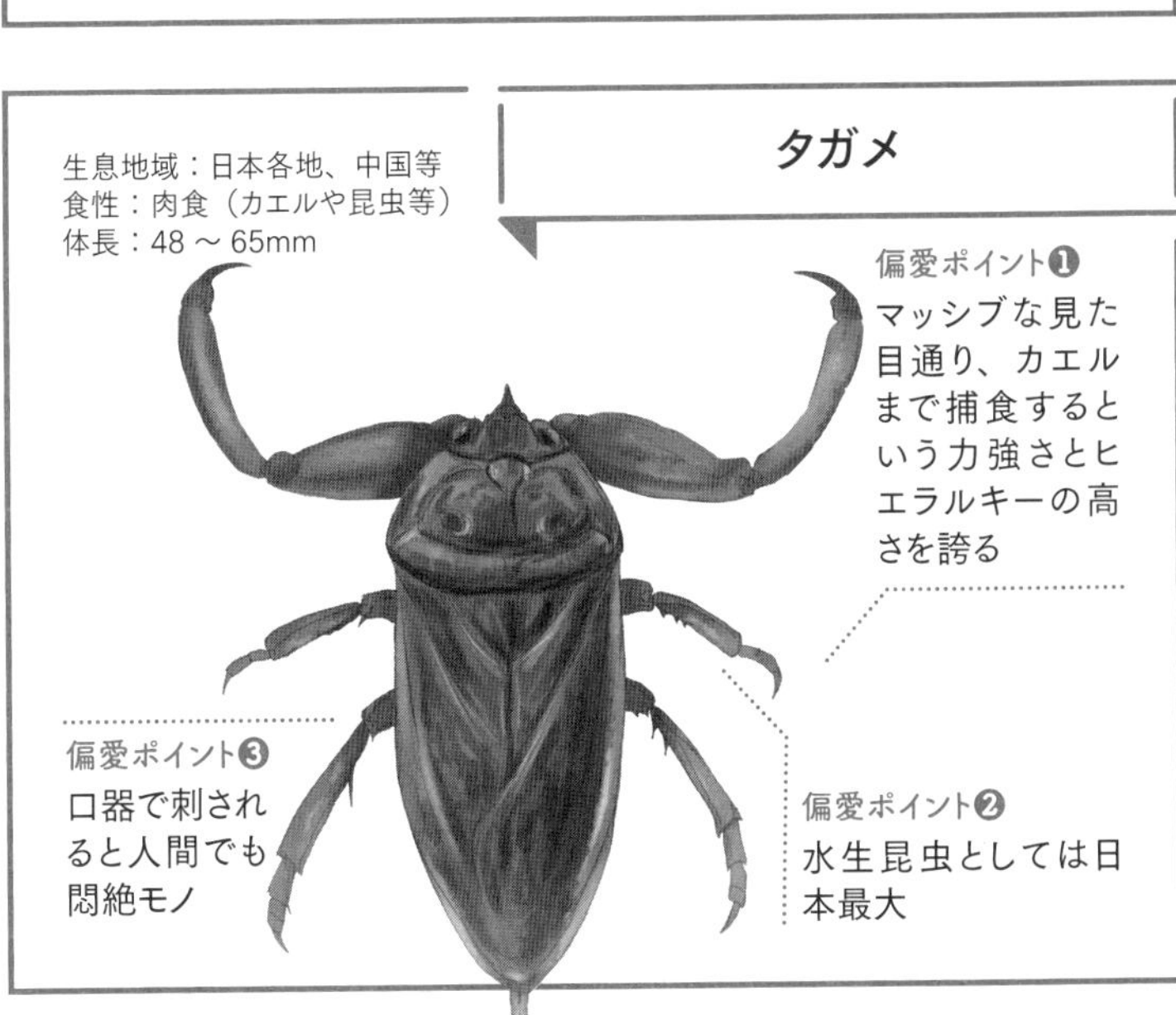
タガメ
生息地域：日本各地、中国等
食性：肉食（カエルや昆虫等）
体長：48 ～ 65mm
偏愛ポイント❶
マッシブな見た目通り、カエルまで捕食するという力強さとヒエラルキーの高さを誇る
偏愛ポイント❷
水生昆虫としては日本最大
偏愛ポイント❸
口器で刺されると人間でも悶絶モノ

おわりに

幼少期の僕は虫図鑑のほかにかの有名なジャン・アンリ・ファーブルの『昆虫記』にハマっていた。今あらためて手にとってみても素晴らしい本だ。特に、当時はまだ小学校に上がるか上がらないかという時期の僕にとって、ファーブルはヒーローだった。

泥臭くも誠実に、真正面から虫たちに向き合うことでセンセーショナルな発見を重ねていく昆虫学者の姿に憧れを抱かずにはおれなかった。

ファーブルは特別な道具やテクノロジーを使わずに、ほとんどその身ひとつで多くの業績と魅力的な経験を生み出してみせた。しかも、そのフィールドは南プロヴァンスにある自宅の敷地内だったというではないか。自宅からせいぜい半径１００ｍ程度での行動しか認められていない幼児にとって、これはたいへん勇気づけられる事実だった。

感銘を受けた僕は『昆虫記』に登場する虫たち（の近縁種）を近所で探す「ファーブルごっこ」をひとりではじめた。スカラベの代わりにセンチコガネを。ヨーロッパメンガタスズメの代わりにメンガタスズメを。ナルボンヌコモリグモの代わりにウヅキコモリグモを。ラングドックサソリの代わり……はいなかったが、サソリによく似たカニムシを見つけて大興奮したものだった。

こうして僕は『昆虫記』から「虫」というのは、探究するのに場所を選ばない存在だと学んだのだ。

当然、『昆虫記』はライターを志すきっかけのひとつにもなった。好きな虫のことを知りたいという一心で夢中で読み進めるうちに、自分もいつかこういう本を書いてみたいと思った。なんならファーブルよりもさらに面白いと思える自分なりの『昆虫記』を書いてみたいと妄想することさえあった。

また、ファーブルに凝るのと時を同じくして、海外での撮影に積極的な昆虫写真家の作品にも触れるようになった。海野和男氏や故・山口進氏である。彼らからの影響も重なり、いつか書くべき昆虫記のアウトラインは早くも決まってしまっていた。

「世界各地へ憧れの虫や未知の虫を探しに行って、体当たりで取材した結果を写真入りで述べる本」、つまり本書の完成をもってして、ひとつ夢が叶ったわけだ。

タガメに刺され、ツシマヒラタクワガタを捕まえ、海外へ出向いて虫を探す。そうやって少しずつ叶えてきた小さな夢が集まってできた結晶、それが本書なのだ。まさかゲジゲジをむさぼり食う話を読まされた末にこんなスカしたあとがきを押しつけられるとは読者諸君も予想だにしなかったことだろう。だが、それほど僕のこの本へ対する思い入れは強い。そんな本を手に取ってくれた皆さまには心よりの感謝を申し上げたい。

……とはいえ、ファーブルによる本家の『昆虫記』はおよそ20年の歳月をかけて書かれた全10巻におよぶ大作である。かたや、本書は248ページ程度。書きたいエピソードのすべてはとても書ききることができなかった。ヨロイモグラゴキブリとか、オオジョロウグモとか、フナクイムシとか、青いフンコロガシとか。断腸の思いで削った話がいくつもある。

これらの虫にまつわる話は、いずれまたどこかで形にできればと考えているので、『平坂昆虫記』の新刊が発売できるよう、今後ともどうか応援してほしい。

ところで本書に書かれた数々のエピソード、特に「やたら体を張ってわざと痛い目を見る」「虫を食う」

という要素に「バラエティ番組的な悪ふざけ」の風味を感じ取った人も多いのではないだろうか。
それは、そうしたスナック感覚の文章の方が、まだ虫に対する素養のない人たちにも読んでもらいやすいであろうという狙いゆえのものである。虫の世界への入り口は、多少ポップでチープでジャンクでも構わないと僕は考えているのだ。

なにせ虫というのは、生態系のヒエラルキーの中では比較的下位にある。言い換えれば、虫たちが存在しているからこそ、それを食べる小鳥やネズミ、トカゲなどの小動物が、ひいてはそれらを捕食するより大型の肉食動物が栄えることができるのだ。また、生態系における虫たちは餌としての役割にとどまらない。ハチやハナムグリ、ガ類の花粉媒介がなければ命をつなげない植物も多い。

「虫なんかいなくなればいい！」と虫嫌いの諸氏は思われるかもしれない。だが、もし実際に虫が滅んでしまえば、瞬く間に生態系全体が崩壊し人類もその歴史に幕を下ろすこととなる。

つまり僕たちやその子孫が暮らしやすい地球環境を維持するためには、この小さな生物たちを理解し、共存の道を探っていかなくてはならないのだ。そのためには、彼らに強く興味や愛着を抱ける虫好きたちの存在が必要不可欠だろう。

本書読者からひとりでも多く、そんな虫好きが生まれるといいのだが。そしてその中からたったひとりでも生物を研究する、あるいは環境問題に取り組むような人材が生まれることを切に願う。そうなったら、僕はとてもうれしいです。

2023年9月　平坂寛

平坂寛（ひらさか・ひろし）

1985年生まれ。長崎県出身。生きもの専門のライターとして、世界各地で珍しい生きものを捕獲し、観察記録や実際に触れたり食べたりした体験記を執筆している。（公財）黒潮生物研究所客員研究員として深海魚の研究も行う。 著書に『見たことのないものをつかまえたい！世界の変な生き物探訪記』（みんなの研究／偕成社）、『喰ったらヤバいいきもの』（主婦と生活社）、『深海魚のレシピ：釣って、拾って、食ってみた』（地人書館）などがある。『情熱大陸』など、テレビ番組への出演も多数

参考文献

『クワガタムシ』
山口進 著（小学館）

『月刊むし・昆虫大図鑑シリーズ6　世界のクワガタムシ大図鑑』
藤田宏、水沼哲郎 ほか著（むし社）

『原色日本陸産貝類図鑑 増補改訂版』
東正雄 著（保育社）

『昆虫レファレンス事典III（2011-2020）』
（日外アソシエーツ）

『新訂版 原色昆虫大圖鑑 第II巻（甲虫篇）』
森本桂 監修（北隆館）

『新訂版 原色昆虫大圖鑑 第III巻（トンボ目・カワゲラ目・バッタ目・カメムシ目・ハエ目・ハチ目、他篇）』
平嶋義宏、森本桂 監修（北隆館）

『図説 日本の珍虫 世界の珍虫 その魅惑的な多様性』
平嶋義宏 編（北隆館）

『節足動物ビジュアルガイド タランチュラ & サソリ』
相原和久、秋山智隆 著、川添宣広 写真（誠文堂新光社）

『旅する動物図鑑① 陸の生きもの』
幸島司郎 監修、大渕希郷 著（筑摩書房）

『日本産クモ類生態図鑑：自然史と多様性』
小野展嗣、緒方清人 著（東海大学出版部）

『ジュニア版ファーブル昆虫記』
ジャン・アンリ・ファーブル 著、奥本 大三郎 訳、見山 博 画（集英社）

▼なお、以下の Web の参考にしました

「気をつけて！危険な外来生物」東京都環境局
https://gairaisyu.metro.tokyo.lg.jp/species/

「ポケモンの原点は、自然をかき分けた先に」The Pokemon Company
https://corporate.pokemon.co.jp/topics/detail/108.html

編　集　　川名由衣（実務教育出版）
装　丁　　三枝未央
イラスト　　いとうみちろう
本文デザイン・DTP　杉本千夏（Isshiki）
出版プロデュース　中野健彦（ブックリンケージ）
写真出展　伊丹市昆虫館　p129
　　　　　ほかはすべて著者撮影

虫への愛が止まらない
刺されて咬まれて食べまくったヤバい探虫記

2023年10月5日　初版第1刷発行

著　者　　平坂寛
発行者　　小山隆之
発行所　　株式会社実務教育出版
　　　　　〒163-8671 東京都新宿区新宿1-1-12
　　　　　電話　03-3355-1812（編集）　03-3355-1951（販売）
　　　　　振替　00160-0-78270

印刷所　　壮光舎印刷
製本所　　東京美術紙工
©Hiroshi Hirasaka 2023 Printed in Japan
ISBN 978-4-7889-2389-8 C0045

乱丁・落丁は小社にお取り替えいたします。
本書の無断転載・無断複製（コピー）を禁じます。